U0158587

深度学习的文化哲学考察与重构

The Analysis of Deep Learning from the Perspective of Cultural Philosophy

唐玉溪 著

中国社会科学出版社

图书在版编目（CIP）数据

深度学习的文化哲学考察与重构／唐玉溪著．—北京：
中国社会科学出版社，2024.5
ISBN 978 - 7 - 5227 - 3582 - 5

Ⅰ.①深…　Ⅱ.①唐…　Ⅲ.①机器学习—研究　Ⅳ.①TP181

中国国家版本馆 CIP 数据核字（2024）第 101519 号

出 版 人	赵剑英	
责任编辑	党旺旺	
责任校对	周　昊	
责任印制	王　超	

出　　版	中国社会科学出版社	
社　　址	北京鼓楼西大街甲 158 号	
邮　　编	100720	
网　　址	http://www.csspw.cn	
发 行 部	010 - 84083685	
门 市 部	010 - 84029450	
经　　销	新华书店及其他书店	

印　　刷	北京明恒达印务有限公司	
装　　订	廊坊市广阳区广增装订厂	
版　　次	2024 年 5 月第 1 版	
印　　次	2024 年 5 月第 1 次印刷	

开　　本	710×1000　1/16	
印　　张	13.5	
字　　数	215 千字	
定　　价	69.00 元	

前　言

目前，深度学习是教育领域的热门课题。在前人研究的基础上，本书尝试推进深度学习的理论问题探讨。本书是我长期对深度学习理论问题思考与探索的结晶。在这本书中，我通过文化哲学理论这一富有洞察力的视角，全面解析深度学习的本质、价值以及活动。

身处人工智能飞速发展的时代，深度学习作为学生的重要能力，已然成为教育界和科技界的关注焦点。然而，深度学习的本质何在？其价值追求为何？其具体活动如何表现？这些问题均是深度学习理论发展和实践推进的关键，尚未有明确的答案。通过引入文化哲学理论的视角，有机会获得新的理论认识。

本书试图解析深度学习的文化本质论，即从文化哲学的视角审视深度学习的本质。在本书中，文化与人被认为是一种整合关系，深度学习的本质也应如此理解。其文化本质源于其核心要素富含文化性，同时又源于这些核心文化要素在文化活动中的互动与生成。

本书对深度学习的文化价值论进行深入探讨。通过分析深度学习文化价值的抽象特性，认为其基本文化价值特质应包含存续、功能和超越。对于深度学习的终极价值追求，本书主张应当包括真、善、美三个重要方面。

本书还对深度学习的文化活动论进行详细剖析，尝试解析深度学习文化活动的基本结构，包括内容元素、物体要素及神经因素等组成部分。在深度学习的文化交往和过程关系方面，本书将深入讨论如何理解和应对其复杂性。

本书旨在通过这部著作，从人与文化的交汇点重新审视和重构深度学习，使之更好地服务于学生整体的生命生存及优化，以及人的生命整体发展。本书的目标不仅在于提供一种新的视角来理解深度学习，更希望能推动深度学习理论与实践的进步，从而真正提升深度学习实践的文化境界。期待读者能在阅读这本书的过程中，结合具体实践情况，找到一些对深度学习理解的新视角和新启示。

本书虽然尽力追求严谨和完整，然而由于诸多因素限制，难免会出现错误或遗漏。敬请读者们提出宝贵的意见和建议，以便于作者在未来进一步修订和完善。

目　　录

第 一 章

绪　　论

机器深度学习在智能技术领域掀起巨大波澜的同时，教育领域中的人类深度学习（以下若不特别指明，"深度学习"均指人类深度学习）研究与实践亦风靡全球。源于智能领域的深度学习是近十年来国际上最先进的教学理论。[①] 人类深度学习的理论及实践是当今国际教育改革中尤为引人注目的"明珠"，特别是在智能时代机器深度学习快速突破背景下，人类深度学习理论探讨不仅成为课程与教学论学者所关注的理论问题，更引起其他多个学科及研究领域的学者关注。事实上，放眼国际，目前多个国家已经蓬勃开展深度学习的教育改革实践，其中美国的深度学习教育改革实践尤为瞩目，无论是在教育实践还是理论探索方面均形成了独特的经验体系。[②] 近年来，国内核心素养培育的教学改革实践中，深度学习受到更多的关注。[③] 伴随着深度学习教育实践的火热进行，目前国内有关深度学习研究的成果呈爆发式增长。[④] 深度学习概念的正式提出源于国外学者，国外学者近十年来在深度学习实证研究方面进展较快，尤其在大学生深度学习研究方面不断取得突破。[⑤] 整体而言，深度学习无疑是当今教育领域的重要研究及实践方向，但一些重要理论性问题尚待进一

[①] 郭元祥：《深度学习：本质与理念》，《新教师》2017年第7期。

[②] 高东辉、于洪波：《美国"深度学习"研究40年：回顾与镜鉴》，《外国教育研究》2019年第1期。

[③] 钱旭升：《论深度学习的发生机制》，《课程·教材·教法》2018年第9期。

[④] 张欢、田玲芳、卓伟：《国内深度学习研究热点及发展趋势研究——基于CiteSpace的图谱计量分析》，《中国教育技术装备》2018年第16期。

[⑤] 沈霞娟、张宝辉、曾宁：《国外近十年深度学习实证研究综述——主题、情境、方法及结果》，《电化教育研究》2019年第5期。

步突破。

第一节　研究缘起

当前，深度学习的研究与实践还有不少重要且尚未作出深入探讨的问题，对这些问题进行探讨具有关键意义，主要表现在深度学习理论发展和实践指引方面。已有的深度学习理论及实践从不同的维度与侧面对深度学习进行了探索，但缺乏足够的反思、整合和对话，使得深度学习理论及实践难以进一步突破。在迈向智能时代的过程中，对深度学习基本问题进行哲学思考相当重要。

一　对深度学习的理论发展有推动作用

人们对深度学习理论和实践上的探索为该领域奠定了扎实基础，但也存在一些悬而未决的深度学习理论问题亟待解答。与人类深度学习理论及实践探索火热进行的同时，学界却不时冒出质疑、批判及否定的声音，这种现象喜忧参半。一方面反映出人们对深度学习理论相当关注，不断探索、反思和前行，另一方面也暴露出人们对深度学习的认识尚未充分，难以达到共识。有关人类深度学习的一些重大基本性问题缺乏清晰的分析与建构。

概览当前国际学界有关人类深度学习的研究与实践，绝大部分都是围绕课堂教学中学生的深度学习展开探讨，所研究的对象是学生的深度学习。将研究范围聚焦于学校里的深度学习有助于当前教育改革，无疑是值得肯定并提倡的。但物极必反，当人们过分关注课堂教学中的深度学习时，却忘记了深入探讨"究竟什么才是真正意义上的人类深度学习，它对人类的意义及价值究竟何在"的根本性问题。除了课堂教学中的学生需要进行深度学习之外，在课堂以外的更多更大规模的群体亦需要进行深度学习，但人们对广义的深度学习探讨寥寥无几。各行各业的人如何深度学习？人在一生中如何深度学习？在未来智能时代人类如何深度学习？这些现实问题都是当前课堂教学中的学生深度学习研究无法解决的痛点。通过对现实问题的观照，就会发现当前不少的人类深度学习研究存在局限之处。甚至于深度学习的理论被异化为帮助师生进行应试教育的新型"法宝"。这些人类深度学习认识的局限及争议亟待进行根本性的、更广泛意义上的人类深度学习基本理论研究。

对于深度学习理论发展而言,"深度学习的本质是什么""深度学习的价值追求是什么"及"深度学习是怎样的活动"等问题均是深度学习研究中的基本理论问题,对这些基本理论问题进行探讨直接影响着深度学习理论的应用研究与方法研究。倘若对这些深度学习研究的基本问题模糊不清,深度学习理论的解释力与指导力将大打折扣。而对深度学习这些基本性及一般性的问题思考,离不开哲学方面的审视。亟待以适切的哲学理论作为支撑,思考这些具有一般性的深度学习研究问题。

深度学习正式的学术概念虽然源于西方,但并不能总是以西方学者对深度学习理论的建构为中心,更不能直接移植西方学者的深度学习理论去解释本土的实践问题。深度学习理论是关乎教育发展和人类社会发展的重要理论,需根据我国国情及本土文化,挖掘、整合并发展我国古代教育思想和学习思想中有关深度学习理念的智慧,批判性吸收并借鉴西方学者所建构的深度学习理论,对深度学习理论进行重新审视与建构,能贡献出深度学习理论研究的中国智慧和中国方案。

二 有助于把握智能时代深度学习意义

人类即将进入智能时代,"机器换人"的浪潮此起彼伏,人类深度学习实践更需要理论的指导。虽然阿尔法围棋造成的是人们的惊讶,但无人工厂和无人驾驶汽车等方面的智能技术快速突破与普及,却可能直接导致大量人员失业。[1] 已经有不少知名研究机构发布未来智能技术可在大量岗位上对人进行取代的预测报告,这为人们敲响了警钟。人类中期内可能面临工作性质改变的挑战,长期内不得不面对在智能上具有巨大优势的智能机器。[2] 人类正因为具有高级学习能力和高级思维能力才得以在自然界中占据绝对优势地位,这种格局自工具时代起就已经逐渐建立且

---

[1] Fleming P. , "Robots and organization studies: why robots might not want to steal your job", *Organization Studies*, Vol. 40, No. 1, 2019.

[2] Risse M. , "Human rights and artificial intelligence: an urgently needed agenda", *Human Rights Quarterly*, Vol. 41, No. 1, 2019.

日益强化。长期以来，人类所创造的工业文明和信息文明均是为人类发展而服务。然而，人类创造出了在进化速度和智力水平方面都可能远高于人类的"高智体"——人工智能，实质上更应以"机器智能"来定义此类"高智体"和"超智体"，在其诞生六十年之际，以机器深度学习为原理的阿尔法围棋打败了人类顶尖围棋选手。值得注意的是，这六十年时间相较于人类的漫长进化历程仅是沧海一粟。共获 2019 年图灵奖的深度学习三位创始人在对机器深度学习技术发展进行系统回顾时指出，人工智能的重大进展将通过复杂推理与表示学习（representation learning，机器深度学习中的一种技术）相结合系统实现。① 可以预见的是，人工智能在未来将会不断取得突破，有可能会动摇人类的绝对优势地位。尽管有识之士和国家都竭力于通过法律、伦理与技术等手段将人工智能控制在可控范围内，但存在诸多不可预控的不确定因素，如战争、恐怖主义、电脑病毒以及机器故障等。蔡恒进教授指出，智能机器能力在未来将数百倍甚至数千倍进行增长，能够替代人类思维能力，终会进化出复杂意识。②

在此种严峻形势下，人类深度学习已成为人们生存与发展的核心竞争力，人不仅仅是为了在考试中获得理想分数而进行深度学习，更需要为自己的工作和生存而深度学习，以增强自身核心竞争力。智能机器中深度学习的快速发展启发教育领域研究者对人学习的反思。③ 在讨论人类深度学习的过程中，不得不将它与智能机器中的机器学习区别对比，以凸显人类深度学习的独特价值及优势。深度学习提法源于人工智能，但人类深度学习与智能机器学习的高级认知能力有本质差异。④ 美国方面推动的指向深度学习的 21 世纪技能教育，很大程度上是出于为学生在未来工作中取得成功的目标，使人们更有可能赢得与智能机器进行的工作竞争。与机器学习相比，人的学习具有超理性与人性的区别。⑤ 毫无疑问，

① Lecun Y., Bengio Y., Hinton G., "Deep learning", *Nature*, Vol. 521, No. 7553, 2015.
② 蔡恒进：《论智能的起源、进化与未来》，《人民论坛·学术前沿》2017 年第 20 期。
③ 郭元祥：《深度学习：本质与理念》，《新教师》2017 年第 7 期。
④ 冯嘉慧：《深度学习的内涵与策略——访俄亥俄州立大学包雷教授》，《全球教育展望》2017 年第 9 期。
⑤ 吴永军：《关于深度学习的再认识》，《课程·教材·教法》2019 年第 2 期。

人工智能不同于以往人类史上的科技革命，当它与国际复杂的政治形势结合起来，所带来的机遇和挑战是目前难以预测的。站在教育的立场，需要为人生存与发展的福祉进行整体思考，而促进人类深度学习就是应付这种充满不确定性环境的最佳途径之一。由于智能技术的重大突破和扩散可以在相当短的时间内完成，而人类深度学习的进化是漫长的历程，有必要提前做好充分应对准备。

三　对当前的深度学习实践有引领价值

探索深度学习基本理论问题对目前教育中火热进行的深度学习改革实践有引领价值。放眼国外部分发达国家，深度学习已经变成了一种教育改革运动，受到政治家、教育改革者和一线教师的诸多关注。在国内部分学校，以深度学习引领学校改革的实践亦层出不穷。这些实践者迫切需要深度学习理论的指导，但当前深度学习理论五花八门，缺乏整合与连贯的体系，让实践者无从下手。

此外，探讨深度学习基本理论也有利于深化人们对深度学习的认识。人们对深度学习认识不充分导致深度学习实践难以起到相应的效果。国际上多种主流的人类深度学习理论定义中，创新能力和自我认知等方面的维度总是包含其中。人类在长期进化过程中，已经进化出易于社会知识、他人知觉和自我认知等特异性功能。尤其是自我认知中的自我参照加工，正是与深度学习概念提出相关。从这一系列关联的研究中可以推断出，人类大脑本身就具备一定的深度学习功能，而且这个深度学习过程是难以阻止的。我国古代就有"孟母三迁"的经典案例，而柴提（Chetty，R.）也发现，学生在童年时期迁移到高创新区域更有可能成为发明家。[①] 该研究从接触效应的角度证实了创新环境对人的创新能力有重要影响。从上述研究发现，深度学习是人与生俱来的能力，且当人进入特定文化环境时，这种深度学习就会自然发生。换言之，难以阻止人类深度学习的发生。

既然难以阻止深度学习发生，那为什么人们要探索促进深度学习发生的策略以及模式？按照上述的思路，一是缺乏相应的文化环境，被动

---

① 许伟：《"孟母三迁"美国版》，《中国经济时报》2019 年 4 月 16 日第 4 版。

性深度学习难以发生；二是学生无法体会到这些知识与其生命的关联性，主动性深度学习也难以发生。这些方面均离不开深度学习的文化本质，深度学习是和人与文化同一的，离开了文化，就难以存在深度学习。当学生体会不到学习与其生命优化意向的关联时，深度学习也难以发生。从这种视角审视课堂中深度学习为何难以发生以及应该如何促进，就会有一种有科学依据且有文化境界的教学实践观、知识观和学生观。当课堂教学是灌输式的教学，整个教学氛围是知识接受式氛围以及学生为了应试目的被迫学习时，采取何种手段都难以促进深度学习发生。深度学习涉及到的是整个教育系统的问题，这也是美国方面部分有识之士意识到要通过深度学习重建美国高中的原因。[①] 这仅仅是从个别案例出发说明人们对深度学习的认识还远远不够。由于缺乏对深度学习的全面认识，不少实践者虽然有推动深度学习的意向，但在实践中却因种种原因反而抑制了深度学习的发生。为此，探索深度学习理论的基本问题能对实践者有良好启发与借鉴意义。对深度学习进行哲学式思考以解决深度学习的基本理论问题，具有推动理论发展与指导实践的研究价值。

第二节　概念界定

概念界定是研究的起点，首先需要对深度学习进行清晰的界定。此外，文化哲学观是本研究的方法论，文化哲学理论是本研究的主要理论基础，因此还需要对文化哲学的概念进行界定。

一　深度学习

人类深度学习的概念界定相当多样，光是国内学界就有几十种关于深度学习的定义。大致可将国内外有关深度学习的定义划分为"学习目标说""学习过程说""学习结果说"和"学习方式说"四种类型。[②] 这

---

① Mehta J. , Sarah F. , *In search of deeper learning: the quest to remake the American high school*, Cambridge: Harvard University Press, 2019, pp. 5 - 6.

② 卜彩丽：《深度学习视域下翻转课堂教学理论与实践研究》，博士学位论文，陕西师范大学，2018 年，第 34—38 页。

种划分方法较为清晰且系统，以下对这几个类型中较为有代表性的定义进行说明并分析。

一是"学习目标说"。学习目标说将深度学习与特定的教育目标和教育理念联系起来，这种类型的深度学习定义在教育实践界尤为流行，其中在美国、加拿大和北爱尔兰等西方国家的深度学习教育实践中可常常见到此类定义。美国研究院将深度学习定义为：一系列包括人际交往技能和自控能力在内的能力发展，以及对核心学术内容有更深的理解并能将其应用于新问题与新情境下的能力。① 这种定义是延续了美国教育界对学生学习提出的学术学习和实际应用兼顾的教育目标，目的是培养适应21世纪工作及社会的公民。在国内，也有学者从教育目标出发定义深度学习，如它是理解性学习，是发展素养的学习。② 这种理解实质上含有教育目标在内，即需要通过深度学习发展素养。有学者认为，深度学习是促进学习者核心素养培育的学习方式，突出参与、体验和生成的重要性，以学习者高阶思维形成、创新能力提升和精神影响为旨归。③ 这些研究中有关深度学习概念理解，均是包含了特定的教育目标。这种类型的定义在近年来变得尤为常见，由于切近教育实践而被不少教育实践者广为接受。

二是"学习过程说"。将深度学习理解为一种学习过程，常见于教学论研究者。如它是在教师引领下学生的全身心积极参与，取得进步并体验成功的学习过程。④ 这种定义是在课堂教学情境下对深度学习过程进行界定，有利于实践者进行教学操作。该定义也得到部分学者认同，认为深度学习是学生在教师预先设计的教学方案情况下，进行高认知、高投入、有挑战、有指导的学习过程，以获得有意义的学习结果。⑤ 该定义主要也是从课堂教学情境中的深度学习出发，将其理解为一种教师可以通

---

① American Institutes for Research，"Does deeper learning improve student outcomes? Results from the study of deeper learning：opportunities and outcomes"（https：//www.air.org/sites/default/files/Deeper-Learning-Summary-Updated-August-2016.pdf）.

② 郑葳、刘月霞：《深度学习：基于核心素养的教学改进》，《教育研究》2018年第11期。

③ 崔友兴：《基于核心素养培育的深度学习》，《课程·教材·教法》2019年第2期。

④ 郭华：《深度学习及其意义》，《课程·教材·教法》2016年第11期。

⑤ 崔允漷：《指向深度学习的学历案》，《人民教育》2017年第20期。

过引领来促进的学习过程。还有从学习科学的视域下分析，认为深度学习是学习者在学校场域内按照学习原理对以重要概念为核心的知识进行创新性与理解性学习的有效学习过程。[①] 即使是同在学习过程类型下，不同学者对于深度学习的理解也有较大差异，亦未能达成共识。

三是"学习结果说"。深度学习定义中的"学习结果说"类型虽然也关涉到深度学习的过程，但主要关注其结果导向。它与"学习目标说"有相近之处，但并没有"学习目标说"那么强烈的教育理念色彩，更侧重于学习结果的达成，如高阶思维形成、深度理解和迁移应用等结果维度。国际深度学习研究领域的权威专家比格斯早期提出了可以观察的学习结果结构模型，将学习结果类别分为了预结构、单结构、多结构、关系结构和扩展抽象结构，深度学习被认为是后面三种学习结果类型。[②] 二十世纪末期，比格斯又提出了著名的预处理（presage）、过程（process）和产出（product）组成的 3P 模型。[③] 由此可见，在比格斯对深度学习的定义中，结果维度是其定义的核心组成。国内学者也有从学习结果的维度定义深度学习的，这种定义更倾向于强调对深度学习的结果描述。

四是"学习方式说"。这种深度学习定义类型在西方学者的研究中，尤其是认知心理学者的研究中较为常见。在马飞龙等人最早提出深度学习概念的经典论文里，根据学习者所处理学习材料的方式不同而划分为深层加工或浅层加工的学习方式。他是从学习内容处理方式的方面去定义深度学习，认为学习者能够理解学习内容的要点是深层加工（"深层加工"的提法在后来演变成现在的"深度学习"）。[④] 可见，深度学习概念正式提出者是将它当作一种学习方式来看待，这种理解也深刻地影响着不少西方学者后续关于深度学习的研究。例如，将深度学习理解为更深入的学习方法，认为它与学生的理解和适当参与有意义学习的意图有

---

① 孙智昌：《学习科学视阈的深度学习》，《课程·教材·教法》2018 年第 1 期。

② Biggs J. B., Collis K. F., *Evaluating the quality of learning: the SOLO taxonomy*, New York: Academic Press, 1982, pp. 13 - 42.

③ Biggs J., Kember D., Leung D. Y. P., "The revised two-factor study process questionnaire: R-SPQ-2F", *British Journal of Educational Psychology*, Vol. 71, No. 1, 2001.

④ Marton F., SäLJö R., "On qualitative differences in learning: i-outcome and process", *British Journal of Educational Psychology*, Vol. 46, No. 1, 1976.

关，学生能够关注到学习的主题并使用适当的学习策略来进行理解与创造。① 在不少西方学者的研究中，深度学习通常被理解为一种学习方式或方法。

上述有关深度学习定义的主流类型大致反映不同方面的深度学习定义，有的深度学习定义可能涉及多个类型，有的即是以单一类型为主。不难看出，学界已有的深度学习定义大多是从狭义层面上的学习进行界定，这些学习所关注的多是微观的知识点或技能的学习或课堂教学中的深度学习，对广义的人类深度学习关注不多。本研究所关注的是广义的人类深度学习，既包括了狭义层面上的深度学习，还包括更为广泛的日常人类深度学习。

在文化哲学视域下观照深度学习，需要以概念界定为逻辑起点，在对深度学习进行界定时，应基于文化哲学内在逻辑所提供的理论"支架"进行阐释。本研究对深度学习的界定与文化哲学理论基础以及后面所需要讨论的深度学习问题具有逻辑一致性。综合学界已有定义，本研究从广义人类深度学习的整体视角与文化哲学的视角出发，将本研究中的深度学习定义为人类在文化情境中通过各种交互形式投入学习，且能深度理解文化内容，并可以将其迁移到认识与创造文化世界的活动之中。在该定义中有几个关键术语，分别是文化情境、文化内容、交互、投入、理解、迁移、活动。文化情境体现了人类深度学习所发生的场景均是在特定的文化情境中，既包含了课堂教学情境下的学习，也包括非正式和非正规情境下的学习。本研究所指向的深度学习虽然是以课堂教学情境为主，但并不仅限于此。对于人的整体生命而言，在课堂教学之外所学习到的内容远多于课堂教学情境中所学习到的内容，为此需要将非正式和非正规情境下的学习也囊括其中。本研究所涉及进行深度学习的对象不仅限于中小学生，还包括大学生、研究生及成人等，力求关注人整体生命历程中的深度学习。

人类已有的大部分学习理论，均可归纳入由"内容""动机"和

---

① Asikainen H., Gijbels D., "Do students develop towards more deep approaches to learning during studies? A systematic review on the development of students' deep and surface approaches to learning in higher education", *Educational Psychology Review*, Vol. 29, No. 2, 2017.

"互动"三个维度所建构起的"学习三角"模型。① 由上述几种类型的深度学习定义，也可以看到绝大部分均涉及这三个维度。深度学习与其他类型学习的联系与区别在于它既涉及这三个维度，又在程度上更为深入且强烈。高投入、高认知和高产出的"三高"是深度学习的特征。② 由于存在个体差异，很难严格定量描述深度学习中的"高""深""强"，用定性描述较为适切，即要求学习者深度学习发生应该在这三个维度均达到较高程度。此处的内容是指广义的文化内容，不局限于学校教育中的课程内容，而是包含人类已有的文化成果和个体生命自身所创造的文化内容。理解是深度学习概念中的核心组成要素，也有多种维度，如理解意味着能从整体上对意义进行贯通、能灵活迁移、有信心对其作出解释并感到通畅。③ 理解还意味着对事物背后的规律与关系的洞察，能够穿越表象看到事物的本质。深度学习概念中的迁移也是核心维度之一，在已有多个关于深度学习的概念中均突出迁移的作用。此处的迁移是指广义的迁移，与学习者在整体生命中进行的创造性活动相关。与动物不同的是，人能积极参与创造并改变社会生活的活动。④ 创新创造活动是人深度学习迁移应用的重要体现，它要求学习者在深刻把握事物的本质规律基础上能在实践中灵活地进行创新创造工作。

本研究所给出的深度学习定义有三个显著特征。一是它所关注的是人类整体的深度学习，并非停留于课堂教学中深度学习甚至认知心理学中深度学习，⑤ 力求在注意到不同类型学习者深度学习的差异基础上对人类整体深度学习有全局式把握。二是它涉及的是文化内容、文化活动和

① ［丹］伊列雷斯：《我们如何学习：全视角学习理论》，孙玫璐译，教育科学出版社2014年版，第6页。

② 郑东辉：《促进深度学习的课堂评价：内涵与路径》，《课程·教材·教法》2019年第2期。

③ Entwistle A., Entwistle N., "Experiences of understanding in revising for degree examinations", *Learning and Instruction*, Vol. 2, No. 1, 1992.

④ ［德］卡西尔：《人论：人类文化哲学导引》，甘阳译，上海译文出版社2013年版，第381页。

⑤ 注：对于学习的范畴，通常可从四个进行把握，分别为"最狭义的学习""狭义的学习""广义的学习"及"最广义的学习"，分别对应专指知识或技能的习得、学校中学生学习、人类一切学习活动以及人和动物获得经验的活动（详见：中国昌、史降云：《中国学习思想史》，科学出版社2006年版，第1—2页）。

文化世界等方面，能包含人类深度学习所涉及的一切要素。三是它是整体的深度学习观，涉及深度学习的目标、过程、方式和结果等多方面，同时也为不同学科视角下分析深度学习提供整合基础，可将不同视角下的深度学习理解连贯起来。总体来说，本研究对深度学习的定义是宏观及广泛意义层面的，与所提出的几个深度学习重要问题密切相关。从本定义出发，有利于把握广义人类深度学习的本质和普遍性规律，避免陷入"矮化"的深度学习的认识困局。

二 文化哲学

文化哲学作为近代新兴哲学范式，对哲学学科的发展和其它相关学科影响重大。然而，由于文化哲学涉及多个学科，其概念和理论边界是模糊的，学界出现不少以文化哲学为名而言它物的研究，主要表现有以下问题：一是以文化哲学为名的研究，而研究内容只是简单涉及文化的讨论，在这些学者眼中，他们所做的即文化哲学的研究；二是文化哲学的泛化，一些国内学者将中国或西方不同时期的知名思想家理论从文化哲学角度解读，有的解读有合理之处，但有的分析过于牵强，所分析的思想家自身根本没有认为其思想属于文化哲学思想；三是简单移植到其它学科并将其作为理论分析，一些研究随意选取某位文化哲学家的思想就作为文化哲学理论的全部，将其应用于本学科内容的分析，存在"拿来即用"倾向。"许多学者非反思性地直接套用文化哲学的概念和理论"，表现为将一些与文化相关的哲学研究标记为"某某的文化哲学"以及随意地运用文化哲学对某些研究领域进行分析。① 尽管这些研究有利于扩展文化哲学研究的视域，但对文化哲学这个具有复杂而庞大特点的理论群而言，随意应用相关理论难免会得出有失偏颇的结论。为此，首先必须要对什么是文化哲学进行较为清晰的界定。作为丰富的理论体系，国内外文化哲学研究的流派众多，且研究主题较为发散，为此需要把握国内外文化哲学的主要流派脉络，同时围绕本研究相关性更大的主题进行归纳概括。

---

① 衣俊卿：《关于中国文化哲学的反思（英文）》，《Social Sciences in China》2008 年第4 期。

（一）国外文化哲学研究综述

文化哲学既是针对抽象文化结构进行探讨的理论领域，也是探索人的发展规律和本质的哲学沉思，为此也可以将文化哲学视为以文化作为本体的人学。沿着这个思路出发，文化哲学研究可追溯到 17 世纪末以著有《新科学》而闻名的意大利哲学家维柯（Vico，G.），以及在历史哲学部分思想继承维柯的 18 世纪德国哲学家赫尔德（Herder，J. G.）。① 文化哲学早期的发展受维柯所提出"人类形而上学"思想的影响较大，② 维柯等人与后来的新康德主义之间有连续之处。卡西尔（Cassirer，E.）肯定了维柯的历史哲学方法，并在其基础上继续进行文化哲学方法论的发展。③

文化哲学还可以看作类似于解释学哲学、分析哲学和批判哲学等的某种哲学类型。从这个角度出发来看，文化哲学概念起源于 19 世纪中后期兴起的新康德主义。④ 这一说法有其合理之处，源于被学界普遍认可的文化哲学系统开拓者卡西尔，他曾经是新康德主义马堡学派中的代表人物。最初属于新康德主义的狄尔泰（Dilthey，W.）19 世纪后期所提出的文化批判理论可看作文化哲学的源头。受狄尔泰启发，新康德主义学派以文化价值为研究重心的海德堡学派代表人物文德尔班（Windelband，W.）等人对价值学说进行了深入讨论，可以看作文化哲学的雏形。⑤ 综合这些观点，对文化哲学研究的系统梳理应从维柯等人开始，重点分析西方对文化哲学有较大贡献的代表人物的核心思想及有关文化哲学的代表性论述，从而勾勒出文化哲学研究的大致轮廓和致思脉络。

维柯将人和其创造物作为人的本质，充分反映人类形而上学的思想。⑥ 维柯在占据《新科学》大部分篇幅的第二卷中，阐述了他对本体的理解。可以说，他相当关注诗性逻辑或智慧，并将其作为文化本体。⑦ 在

① 何萍、李维武：《文化哲学的历史与展望》，《社会科学》1988 年第 5 期。

② 何萍：《维柯与文化哲学》，《福建论坛》（人文社会科学版）2001 年第 3 期。

③ 何萍：《卡西尔眼中的维科、赫尔德——卡西尔文化哲学方法论研究》，《求是学刊》2011 年第 2 期。

④ 李鹏程：《我的文化哲学观》，《华中科技大学学报》（社会科学版）2011 年第 1 期。

⑤ 邹广文：《试论文化哲学的理论源流》，《文史哲》1995 年第 1 期。

⑥ 何萍：《维柯与文化哲学》，《福建论坛》（人文社会科学版）2001 年第 3 期。

⑦ 维柯：《新科学》，朱光潜译，人民文学出版社 1986 年版，第 175—176 页。

维柯的哲学认识论中，与人类心灵密切相关的诗扮演着重要角色。通过诗和哲学，维柯实质上提出了"只有通过人类自己的作为才能得到科学认识"的新认识论，即认识来源于实践创造。① 尽管维柯的哲学本体论还带有所处时代和社会环境的局限性，但他的哲学认识论是新科学的精髓，具有划时代的意义。在价值论上，"真理即创造"以及隐喻组成了维柯对价值创造和评价的两个主要原则。② 可见，维柯将人作为价值创造的主体，而且认为价值准则可从人们信仰体系及心灵中找到，具有主观价值论的特征。在审美观上，维柯的诗性智慧思维实际上可以看作审美思维，两者之间具有同源性。③ 通过感性的诗歌阐发，人们可以创造出神话、宗教和艺术等各种美的形式。在历史观上，维柯通过分析民政社会，提出了历史由人类创造的观点，④ 这种历史哲学观在当时相当超前。维柯还探讨了历史发展的内在规律，他认为必然具备一些永恒的规律。⑤ 在这里，维柯将各民族的共同意识作为人类发展规律的关键。此外，维柯还将人类历史划分为三个时期。维柯的历史观在当时科学主义占据主流的背景下具有明显创新性，但也由于时代局限，维柯的历史观在某种程度上属于历史唯心主义。⑥ 维柯打破了近代哲学以精神或物质实质作为研究对象的传统，破天荒地以凸显文化创造的人性作为对象，与此同时也超越了纯粹以科学为研究工具的传统，转向以诗和语言作为分析工具，构建了文化哲学新范式。维柯建构的哲学体系，既对有机统一人类思想及文化有着重要意义，也对文化心理学中的遗传、生成性和已生成的认识论维度构建有着指导意义，提示人们需要以不同的方式分析知识的生成发展过程。⑦ 简言之，维柯的文化哲学思想对思考认知、情感和伦理等方面问

① 维柯:《新科学》，朱光潜译，人民文学出版社1986年版，第31页。
② 陈大维:《维柯的文化哲学思想研究》，博士学位论文，黑龙江大学，2015年，第15页。
③ 刘渊、邱紫华:《维柯"诗性思维"的美学启示》，《华中师范大学学报》（人文社会科学版）2002年第1期。
④ 维柯:《新科学》，朱光潜译，人民文学出版社1986年版，第154页。
⑤ 维柯:《新科学》，朱光潜译，人民文学出版社1986年版，第597页。
⑥ 蔡贤浩:《维柯历史规律观探析》，《湖北社会科学》2015年第2期。
⑦ Tateo L., "Giambattista Vico and the principles of cultural psychology: a programmatic retrospective", *History of the Human Sciences*, Vol. 28, No. 1, 2015.

题也有较强的解释力。通过对人和人所创造的民政世界存在的关注，维柯将近代哲学侧重物理世界思考的研究范式推向了关注人与文化世界的文化哲学范式。

狄尔泰构建了文化哲学中人的概念，并阐释了人的存在及发展历史存在文化与自然双重制约的特点。① 在这里，狄尔泰所说的"人"具有有限的自由。狄尔泰所建构的文化哲学将生命理解作为关键角度，以历史性的个体生命体验为研究本体。② 狄尔泰有关生命理解的论述突破了传统哲学范式，体现了其将人价值存在作为基础的哲学体系。狄尔泰的哲学思想精华更体现在认识论上。狄尔泰的认识论与生活紧密联系，以认识价值、内外部关系、交互作用和局部整体等生活范畴为认识对象。狄尔泰认为生活的体现和表达在于诗艺，③ 这里的表达和体验作为理解生命的途径具有丰富的内涵。"理解"在狄尔泰的哲学架构中具有认识论的意义，通过"理解"生命达到世界认识、生命理解和生活体验的目标。④ 狄尔泰在价值论方面，注重客观事实与主观价值的融通。在他所建构的精神科学体系中，不仅包括了自然事实而且还以其作为基础。⑤ 他倡导结合外部感知与内部经验把握价值和生命。狄尔泰将科学当作外在经验而指向内在抽象意识，在解释价值和意义等关系网络时注重融贯的客观性。⑥ 可见强调精神科学的存在下，其价值论具有统一性和融贯性。在审美观方面，狄尔泰从生命体验出发，将诗作为生命体验的媒介，构建诗意的审美观。诗在狄尔泰眼中既是审美对象也是审美的动力源泉，经过由人生体验总和构成的审美主体的体验成为审美经验。⑦ 通过对诗的想象，审美在狄尔泰这里成为了个体生命超越的途径。狄尔泰认为无拘束的想象

① Hodges H. A.，*Philosophy of wilhelm dilthey*，Abingdon-on-Thames：Routledge，2013，p. 8.

② 何萍：《论文化哲学的普遍性品格及其建构》，《江海学刊》2010 年第 1 期。

③ ［德］狄尔泰：《体验与诗：莱辛·歌德·诺瓦利斯·荷尔德林》，胡其鼎译，生活·读书·新知三联书店 2003 年版，第 149—150 页。

④ 陈定家：《狄尔泰生命阐释学的当代阐释》，《社会科学辑刊》2017 年第 4 期。

⑤ ［德］狄尔泰：《精神科学引论》，艾彦译，译林出版社 2012 年版，第 25 页。

⑥ 张世英：《"本质"的双重含义：自然科学与人文科学——黑格尔、狄尔泰、胡塞尔之间的一点链接》，《北京大学学报》（哲学社会科学版）2007 年第 6 期。

⑦ 刘伟：《体验本体论的美学——狄尔泰生命哲学美学述评》，《四川大学学报》（哲学社会科学版）1993 年第 1 期。

是人获得创造力和发展潜力的基础。① 于是，通过生命中诗的体验和想象，狄尔泰构建起独特的生命美学。在历史观方面，狄尔泰认为人们对历史世界的客观认识来源于人的理解和体验，并以境与观念的关联在精神科学中认识历史。② 狄尔泰通过对生命历史性体验的分析，将历史结构关联与各种相关境遇的内在体验联系起来，构建了新的历史意识。狄尔泰这种历史意识的先进之处在于他率先将具有历时性的历史逻辑和具有共时性的结构思维整合起来。③ 可见，狄尔泰通过精神科学的建构阐明了历史哲学观，进而确立了实质上以关注人存在的精神科学或文化科学，为文化哲学的发展打下基础。

文德尔班以价值哲学闻名于世，他在 1911 年便正式提出了首个文化哲学（kulturphilosophie）的概念。④ 他基于传统哲学与人类文化活动联系不紧密的情况，提出了自身对于文化的哲学观点。此前他就回顾了卢梭从哲学与历史的角度检验了人类文化的进展，认为通过此形式历史与文化本身价值间的连续得以建立起来。⑤ 受此启发他分析了文化的重要问题，他认为人生关系变化、与之关联的人的文化动力变化及理智的逐渐完善等方面是近代哲学的文化问题。⑥ 文化与哲学的相互渗透在十八世纪起的德国哲学界变得普遍起来，如康德（Kant，I.）就是推动此种趋势的杰出人物，文德尔班深受其影响。他更关心人生价值问题及康德所提倡回到普遍有效价值的基本问题。⑦ 在当时重视价值研究的哲学思潮下，他将价值问题作为自己的重要研究领域。他认为一切特殊生活和文化职能原则的价值问题应是哲学的永恒探讨领域，但哲学的任务不是将其当作事实而是为了说明其有效性，源于哲学是理解与发现的理性方法。⑧ 他基于对哲

① ［德］狄尔泰：《诗的伟大想象》，鲁萌译，北京大学出版社 1987 年版，第 559 页。
② ［德］狄尔泰：《精神科学中历史世界的建构》，安延明译，中国人民大学出版社 2010 年版，第 81 页。
③ 张一兵：《关联与境：狄尔泰与他的历史哲学》，《历史研究》2011 年第 4 期。
④ Wilhelm W., "Kulturphilosophie und transcendentaler idealismus", *Philosophical Review*, No. 2, 1911.
⑤ ［德］文德尔班：《哲学史教程》，罗达仁译，商务印书馆 1997 年版，第 370 页。
⑥ ［德］文德尔班：《哲学史教程》，罗达仁译，商务印书馆 1997 年版，第 384 页。
⑦ ［德］文德尔班：《哲学史教程》，罗达仁译，商务印书馆 1997 年版，第 467 页。
⑧ ［德］文德尔班：《哲学史教程》，罗达仁译，商务印书馆 1997 年版，第 504 页。

学发展历史的系统把握，明确提出了哲学的研究对象即文化价值的普遍有效性。① 这些思想成为文德尔班有关文化哲学的核心思想，是他在后来正式提出文化哲学概念的基础。总体而言，文德尔班的文化哲学思想就是对普遍有效的文化价值进行阐释，并强调人的文化价值创造活动。②

卡西尔被誉为是集大成的文化哲学创始人，以其所创作的《符号形式的哲学》和《人论：人类文化哲学导引》等文化哲学著作而闻名于世，现代多数文化哲学研究者或多或少地都受到卡西尔思想的影响，可见他对于文化哲学的贡献以及他思想的深邃性。尽管卡西尔的思想受到康德的影响，但他的文化哲学立场是基于他对于整个文化世界发展的理解而产生的，蕴含了科学的世界观。③ 实质上，他揭示了人之所以为人的本质，即人是符号的动物、是文化的动物，这是对传统哲学思维中"理性的动物"的重大超越，使得人类有了广泛意义上的"人性"。卡西尔的文化哲学思想虽然被后人认为是唯心主义，但其对文化中的普遍性和客观性理解不容忽视。与海德格尔将人看作由世界的时间性和存在性构成的实体的人相比，卡西尔在文化哲学中阐释了人类独特的创造世界的能力，如科学家的宇宙模型建构和艺术家的审美境界等均是这种能力的体现。④ 可以说，卡西尔文化哲学的核心就是从文化的角度对人的重新定义。"人—运用符号—创造文化"是其文化哲学的基本逻辑所在，⑤ 在他眼里，人的独特之处在于人能进行创造性的文化活动。他认为人类生活中最有代表性的特征就是符号活动与符号思维，⑥ 这里的符号与文化具有等同的含义。

有西方学者认为，卡西尔是最后一位横跨接近精确科学的分析哲学

① ［德］文德尔班：《哲学史教程》，罗达仁译，商务印书馆1997年版，第504页。
② 周可真：《构建普遍有效的文化价值标准——对文化哲学的首倡者文德尔班的文化哲学概念的解读》，《苏州大学学报》（哲学社会科学版）2011年第3期。
③ Verene C. E., Phillip D., *Symbol, myth, and culture: essays and lectures of Ernst Cassirer 1935 –1945*, New Haven: Yale University Press, 1979, pp. 6 – 7.
④ Gordon P. E., *Continental divide: Heidegger, Cassirer, Davos*, Cambridge: Harvard University Press, 2010, p. 8.
⑤ ［德］卡西尔：《人论：人类文化哲学导引》，甘阳译，上海译文出版社2013年版，第12页。
⑥ ［德］卡西尔：《人论：人类文化哲学导引》，甘阳译，上海译文出版社2013年版，第11页。

学派及与艺术和人文紧密联系的大陆哲学学派的文化哲学家，使后续学者们对他的研究热度持续不减。① 不能忽视的是，在 20 世纪的西方文化哲学学派中，还存在着以怀特（White，L. A.）为代表的新文化进化学派、以本尼迪克特（Benedict，R.）为代表的文化结构主义学派、以博厄斯（Boas，F.）为代表的文化相对主义学派、以泰勒（Tylor，E. B.）为代表的文化进化学派，而卡西尔属于文化功能学派的灵魂人物。② 此外，还有施韦泽（Schweitzer，A.）著的《文化哲学》较有影响力，他对西方文化进行系统反思与批判，强调回归敬畏生命的文化世界，主张建设文化国家。③ 作为诺贝尔和平奖获得者，他所倡导的"敬畏生命"伦理思想在世界有广泛影响。

（二）国内文化哲学研究综述

根据已经发表的期刊论文和已经出版的专著来看，国内学界专门从事文化哲学研究较为知名的学者有李鹏程教授、何萍教授、洪晓楠教授、邹广文教授、丁立群教授、陈树林教授、霍桂桓研究员、朱人求教授和刘振怡教授等。其中，何萍教授是国内学界较早对文化哲学的发展历史作出较为系统梳理的学者。何萍教授从文化研究层次的角度进行分析，认为文化哲学是针对于抽象文化结构进行探讨的领域。④ 李鹏程研究员所著的《当代文化哲学沉思》是在卡西尔将人归纳为文化的动物基础上发展出整体性的文化观。⑤ 除此之外，还有诸多文化哲学的相关著作与期刊论文对卡西尔的文化哲学思想进一步拓展。系统回顾 20 世纪末期国内文化哲学研究，由于它们对我国文化和社会实践的理性关注而获得持续的活力。⑥ 对时代主题具有较强解释力的文化哲学，在 20 世纪末期成为了国内学者们关注的焦点，但在理论与现实问题、方法论及学理等方面存

---

① Skidelsky E., *Ernst Cassirer: the last philosopher of culture*, New Jersey: Princeton University Press, 2011, pp. 3 – 5.

② 洪晓楠：《20 世纪西方文化哲学的演变》，《求是学刊》1998 年第 5 期。

③ 王玲莉：《阿尔贝特·施韦泽文化哲学研究》，博士学位论文，华侨大学，2012 年，第 154—158 页。

④ 何萍、李维武：《文化哲学的历史与展望》，《社会科学》1988 年第 5 期。

⑤ 曹明德：《文化哲学的新视野——读〈当代文化哲学沉思〉》，《哲学研究》1994 年第 10 期。

⑥ 朱人求：《近期国内文化哲学研究综述》，《学术界》2001 年第 3 期。

在需要突破的地方。① 进入 21 世纪后，国内学者对文化哲学研究的热度不减，优秀成果也层出不穷，但在学科理论建设上存在不少亟待突破之处。文化哲学对当代文化性问题有重要解释力，体现了"时代精神"，驱动哲学向文化论转变，成为人类自我认识深化的途径。② 可见，文化哲学将会在未来持续发挥对文化、社会和人等问题深刻阐释的作用，值得持续跟进研究。

近年来，国内学界文化哲学研究还出现一些新方向，一是挖掘马克思主义中的文化哲学思想，如有学者认为尽管马克思未直接论述文化哲学，但由于其思考文化人的整体生存方式，已转向文化哲学的理解范式。③ 马克思主义在揭示认识的本质、社会历史的本质和人的本质上超越了旧唯物主义及唯心主义。为此，可从文化—历史层面结合马克思主义认识论重新探讨人类认识的问题。④ 马克思思想中具有以人主体性为核心的文化哲学逻辑。⑤ 当前，对马克思（Marx K. H.）的文化哲学研究进行探索是国内学界的重要方向，部分学者将其文化哲学思想与卡西尔的文化哲学思想进行比较与整合。学者们从马克思主义理论角度探讨认识的问题和文化哲学的问题，也多处吸收并借鉴卡西尔的相关论述。

另一个重要方向是，对中国哲学中的文化哲学思想进行梳理与整合。周可真教授认为，我国传统哲学从 16 世纪起就转向蕴含诠释人性实质的文化哲学，其开端可追溯至阳明心学，分别经历了直觉型、史学型和经学型几种不同的文化哲学诠释方法。⑥ 倘若以把握人性的哲学为文化哲学的判断标准，在我国传统哲学中也蕴含了这方面的文化哲学思想。起源于先秦时期的"形神之辨"就蕴含了文化哲学思想。⑦ 由于古典中国哲学蕴含了对文化生命的沉思，也可以当作是文化哲学思想的一部分。近现代

---

① 陈树林：《当下国内文化哲学研究的困境》，《思想战线》2010 年第 2 期。

② 欧阳谦：《文化哲学的当代视域及其理论建构》，《社会科学战线》2019 年第 1 期。

③ 于春玲：《文化哲学视阈下的马克思技术观》，东北大学出版社 2013 年版，第 1—2 页。

④ 何萍：《文化哲学 认识与评价》，武汉大学出版社 2010 年版，第 3—11 页。

⑤ 邹广文：《马克思文化哲学思想的展开逻辑》，《求是学刊》2010 年第 1 期。

⑥ 周可真：《始于阳明心学的中国传统文化哲学的历史演变——兼论中西哲学同归于文化哲学的发展趋势》，《武汉大学学报》（人文科学版）2015 年第 3 期。

⑦ 朱贻庭：《再论"'形神统一'文化生命结构"及其方法论意义——古典中国哲学"形神之辨"的文化哲学精义》，《华东师范大学学报》（哲学社会科学版）2015 年第 2 期。

的哲学流派或哲学家的哲学理论中亦不乏文化哲学思想，如新儒家①、冯友兰②、贺麟③、张岱年④、梁漱溟⑤及朱谦之⑥等思想流派或哲学名家的文化哲学不断被挖掘。总体而言，中国传统哲学中的文化哲学思想与理论在近年来持续受到国内学者的关注和研究。尽管在文化哲学的边界问题上存在分歧，但该领域依然在争议中不断扩张，成为当代哲学研究的重要领域。

值得注意的是，除了对文化哲学基本理论探究外，将文化哲学理论应用到其他学科成为文化哲学研究新的生长点。尤其是在教育领域，文化哲学应用研究在 21 世纪以来已经成为学者们持续关注的对象。教育理念、大学理念、艺术教育、道德教育、家庭教育、教师教育、英语教学、知识教学、教学文化、教学评价及学习成为学者运用文化哲学进行分析及建构的重要主题。在课程与教学领域，黄甫全教授团队对教学环境、课程体系和品德学习等课程与教学论中的重要主题进行文化哲学的建构。⑦ 靳玉乐教授等围绕课程改革与教学主题进行文化哲学的讨论。⑧ 这些探索为课程与教学领域探讨文化哲学应用研究打下良好基础，可以说

---

① 　蔡其胜、陈高华：《思入生命的生存实践——现代新儒家文化哲学的一种存在论追问》，《学习与实践》2019 年第 6 期。

② 　马彦超：《文化哲学视域下的冯友兰人生境界说研究》，《学术交流》2019 年第 7 期。

③ 　赖功欧：《返本开新：贺麟文化哲学辨析》，《江西社会科学》2014 年第 9 期。

④ 　陈泽环：《论中华民族的文化独立性——基于张岱年文化哲学的阐发》，《上海师范大学学报》（哲学社会科学版）2018 年第 1 期。

⑤ 　王秋：《心性学视域与中国现代性问题——梁漱溟文化哲学思想析论》，《学术交流》2014 年第 6 期。

⑥ 　黄有东：《朱谦之与"文化哲学"在中国的构建》，《学术研究》2016 年第 8 期。

⑦ 　注：黄甫全教授团队在课程与教学领域文化哲学研究中发表了较多论文，如：黄甫全：《当代教学环境的实质与类型新探：文化哲学的分析》，《西北师大学报》（社会科学版）2002 年第 5 期；黄甫全：《当代课程与教学论：新内容体系与教材结构》，《课程·教材·教法》2006 年第 1 期；潘雷琼、黄甫全：《优良品德学习何以使人幸福——美德伦理学复兴的文化哲学解析》，《教育研究》2014 年第 8 期等。他还指导了较多学生撰写文化哲学相关主题的学位论文，如：曾文婕：《文化学习引论——学习文化的哲学考察与建构》，博士学位论文，华南师范大学，2007 年；陶青：《小班化教学：走向"个性自由"——一种文化哲学的考察》，博士学位论文，华南师范大学，2009 年；余璐：《新兴学本评估的文化哲学分析与建构》，博士学位论文，华南师范大学，2016 年等，是国内课程与教学领域开展文化哲学时间最为持久、研究成果最为丰硕的团队之一。

⑧ 　注：靳玉乐教授团队在课程与教学领域文化哲学研究中针对课程改革及教学方面发表了部分有代表性的文章。如：靳玉乐、陈妙娥：《新课程改革的文化哲学探讨》，《教育研究》2003 年第 3 期；靳玉乐、黄黎明：《教学回归生活的文化哲学探讨》，《教育研究》2007 年第 12 期。

将文化哲学应用到课程与教学相关主题研究已经成为一种新兴的研究进路。由于课程与教学和文化密切相关，对课程体系、教学模式、学生学习及学习环境进行文化哲学的分析，可为相关研究打开新的思维进路。文化哲学赋予课程与教学问题一种批判性及理想性的视野，课程与教学中的诸多问题都可以深入到人与文化、文化与教育的关系上重新思考。

（三）已有文化哲学研究述评

从广泛意义上来看，文化哲学在中西方均有悠久的渊源。在西方的文化哲学研究中，学者们以较为清晰的学术概念将自身的哲学观点定义为文化哲学。在西方文化哲学诸多流派中，既有对人与文化关系问题的深刻思考，也有对社会发展的文化问题的深入考量，更有从人类的角度把握文化的实质及反观人的本质。可以说，文化哲学是对人类现实生活的洞察及超越，它能够从更高更广的视域上思考人类实践所遇到的问题。从西方文化哲学的研究来看，20世纪是其兴盛繁荣的时代，但在21世纪逐渐走向消寂。而在国内的文化哲学研究中，却呈现一幅别样的图景，拥有旺盛的生命力。不但文化哲学的基本理论研究受到学者们的关注，其应用研究亦成为多个学科新兴的研究进路。

整体而言，卡西尔的文化哲学思想和马克思文化哲学思想在国内学界得到较高的认可。卡西尔的文化哲学理论不断挖掘及扩展，成为当代文化哲学探讨绕不开的"思想高峰"。马克思的文化哲学思想在近年来成为新兴的热点方向，学者们通过解读并发展马克思的文化哲学思想推动了马克思主义哲学的探讨。在文化哲学的应用研究方面，文化哲学被广泛应用于其他学科的研究中，在教育、艺术、体育、法律、管理和宗教等方面的学科研究均有推广与传播。来自不同学科的立场、理论及方法为文化哲学理论体系提供了新的增长点。

然而，在文化哲学已有的研究中存在一些问题亟待超越。一是文化哲学的基本理论问题有待进一步发展。近年来不少中外思想家的文化哲学思想被挖掘并解读，究竟这些文化哲学的认识与探讨是否合理值得思考。文化哲学的学科定位、研究范式和方法论等问题有待进一步建构。二是文化哲学应用研究泛化问题。尽管文化哲学是具有广阔问题研究视域的理论体系，但并非所有学科领域问题均适合于用文化哲学进行分析。部分学者将文化哲学理论应用于分析具体问题时，忽略了文化哲学的内在逻辑把握，陷入"理论碎片化移植"的困局。事实上，文化哲学内在逻辑是其理论精髓所在。三是文化哲学研究局限。如照搬传统哲学范式或过分将文化哲学理论局限于某位学者的理论观点现象较为突出，从而限制了文化哲学解释力。这些普遍性文化哲学研究问题需在今后的研究中超越。

　　在文献综述部分，本书已经对学者们有关文化哲学概念的经典理解进行了较为详细讨论，下面主要对本研究所划定的文化哲学定义进行讨论。值得注意的是，此处的文化哲学定义与本研究所采用的文化哲学理论基础是一脉相承的。要对文化哲学作出较为准确的界定，首先需要对文化的含义进行界定。众所周知，对于文化的界定种类繁多，如霍桂桓研究员在综合多个文化的含义界定后，给出较为清晰的定义，认为文化既是不同形式的精神和物质享受，这些建立在人类社会实践基础上，也是影响社会发展和人们社会实践的事物。继而，他认为文化哲学需要关注不同民族的文化演进史与规律，也要研究各民族所进行活动领域的共同之处。① 对于文化哲学而言，有两种解读方式，一种是从广义的哲学范式角度进行理解，对文化进行反思即哲学，从这个角度来看任何一种哲学均可以称之为文化的哲学。更为学界普遍接受的是文化哲学作为哲学的某个分支，这个角度不仅在我国学界还在俄罗斯学界有不少支持者。比较有代表性的是俄罗斯学者古列维奇对文化哲学下了"文化哲学是一个以包罗万象的文化进行哲学解释的哲学学科"② 。我国学者霍桂桓教授也下了类似的定义，即文化哲学是对文化现象与文化活动进行哲学批判、反思和研究的哲学理论。③ 该定义相对清晰地对文化及文化哲学的定义作了界定，可作为文化哲学进一步研究的依据。本研究认为文化哲学是哲学的一个分支，并结合本研究实际情况，将文化哲学定义为对人类生存发展过程中所涉及文化现象和实践活动的普遍性规律进行整体、系统的哲学批判与反思所建构起的理论体系。

---

　　① 霍桂桓：《全球化背景下的文化哲学研究初探（上）》，《哲学动态》2002 年第 4 期。

　　② ［俄］梅茹耶夫：《文化之思——文化哲学概观》，郑永旺等译，黑龙江大学出版社 2019 年版，第 5—6 页。

　　③ 霍桂桓：《文化哲学：是什么和为什么》，《光明日报》（理论·学术版）2011 年 8 月 3 日第 14 版。

第三节　研究设计

对于理论问题的探索，往往涉及究竟需要研究什么问题的"问题域"和究竟需要使用何种理论去分析并解决问题的"理论域"。在"问题域"上，上文通过纵向梳理和横向比较深度学习的已有研究，发现长期以来有关深度学习的理念往往或隐或显地呈现着"技术操作"和"效益导向"等工业化时代的常规思维。无论是在深度学习的一线实践中还是在学界探索中，都存在价值过程、精神、情感和社会文化等重要要素缺位。① 这从侧面反映了有关广义人类深度学习的一些基本性问题悬而未决。在"理论域"方面，通过文献综述环节初步发现已有的深度学习研究忽视了人的文化立场，从而容易误入迷途，不得深度学习的真谛。布鲁纳（Bruner，J. S.）认为，"学习和思考总是处于一种文化背景中，总是依赖于对文化资源的利用"②。无论是在人类认知还是在课堂学习中，文化都发挥着根本性作用。深度学习除了作为文化的一种特殊形式，在某种程度上还可以看作是关于人类文化的交流、构建、继承、传播过程，从而走向有价值的经验以及文化生成。为此，有必要从人与文化的角度对深度学习进行哲学式考察，以重构深度学习的一些基本性理论。

在现代社会，无论是从哲学层面的分析范式上还是从社会实践思潮中，或多或少都可以看出文化回归。文化已经成为普遍性的问题。③ 在哲学层面上，文化转向常常被认为是哲学史上经历本体论向认识论转向之后的第二次重大转变。从世界范围内的当代哲学发展轨迹和国内的现当代哲学发展来看，都存在着"文化的转向"这一倾向。④ 对现实世界的文化现象进行深入哲学审视的文化哲学在当代已然成为显学，对众多学科中涉及到人与文化的问题有极强的解释力和洞察力。文化哲学可以对人与文化关系中的普遍性问题做出阐释，已经被学者们广泛应用于分析教

---

① 吴永军：《关于深度学习的再认识》，《课程·教材·教法》2019 年第 2 期。

② Bruner J. S.，*The culture of education*，Cambridge：Harvard University Press，1996，p. 4.

③ 欧阳谦：《文化哲学的当代视域及其理论建构》，《社会科学战线》2019 年第 1 期。

④ 洪晓楠：《哲学的文化哲学转向》，人民出版社 2009 年版，第 1—3 页。

育问题。在课程与教学研究领域，亦有部分学者从文化哲学的视域来对课程与教学中的问题进行深入研究与探索，如曾文婕教授对教学环境①、学习化课程②等重要主题从文化哲学的视角进行分析。③ 深度学习的几个重要理论问题所涉及的人、文化、价值和历史等方面要素与文化哲学所关注的对象有密切关联，文化哲学理论能够为审视并重构深度学习提供理论参考。针对深度学习中的重要问题，利用文化哲学进行分析既存在可行性也存在必要性。

一　具体问题的提出

在西方学者正式提出深度学习概念超过四十年以及国内大陆学界引进该理论接近十几年的时间内，依然还有一系列重大理论问题亟待探讨。纵观当代深度学习的研究与实践，存在着一些矛盾、误区和悖论，严重制约了人们对深度学习的全面认识，也使得部分深度学习改革实践无功而返，亟待通过新视域进行解构与重构。由于学科、立场、理念和角色思维等方面的惯性影响，人们对"深度学习的本质是什么""深度学习的价值追求是什么"及"深度学习是怎样的活动"等几个关系深度学习理论发展和实践推进的重要问题尚未明晰，使得深度学习难以成为学习者增强自身学习、优化生命状态及促进社会发展的理想实践活动。本研究拟针对已有深度学习研究薄弱之处，对深度学习几个重要的基本理论问题进行探讨。

深度学习的本质是什么？不能忽视的是，当前人类深度学习研究与实践火热的主要原因一方面是源于教育内部自身的进化趋势，另一方面更是由于机器深度学习的不断突破对人类学习造成的系列挑战。"人工智能来了，我们靠什么竞争"④给人们敲响了警钟，这迫使人们思考人类深度学习相较于机器学习的优势及实质。当人们认识与把握特定对象时，

---

① 黄甫全：《当代教学环境的实质与类型新探：文化哲学的分析》，《西北师大学报》（社会科学版）2002 年第 5 期。

② 黄甫全：《学习化课程刍论：文化哲学的观点》，《北京大学教育评论》2003 年第 4 期。

③ 黄甫全：《论个性化的教育研究方法——基于我个人的体会和经验》，《中国教育科学》2017 年第 2 期。

④ 王娇萍：《人工智能来了，我们靠什么竞争?》，《中国工人》2018 年第 1 期。

首先需要考虑的是它的实质问题。当提及深度学习时，其实质似乎是不证自明的存在，或者是简单预设深度学习的实质是促进学生学习、提升教学效果与为学生工作成功的学习方式。从这个角度出发，就容易陷入"就学习论学习"的局限，欠缺从人的生命、人类整体发展及从文化意义的层面对深度学习本质进行深入思考。① 对深度学习本质进行思考是把握深度学习普遍性规律的基础，也是进行深度学习理论发展的前提。

深度学习的价值追求是什么？对于深度学习应追求何种价值，已经有部分学者进行了探索，如从学科教学的价值取向与意义作了探讨，② 从价值观培育角度进行分析，③ 还有学者从推进深度学习的价值培育进行思考。④ 这些对深度学习价值追求的分析，从在教学中深度学习的价值追求应是什么、具体学科深度学习活动本身应蕴含什么样的价值取向，以及推动深度学习需要考量哪些价值因素进行了探讨，但对于深度学习本身的价值追求探讨有待深入。深度学习本身的价值追求是对深度学习所应满足最大最普遍需要所进行的哲学式思考。教育系统和社会系统内的深度学习实践活动等存在着诸多复杂的主客体间需要与满足的关系，其价值系统必然是整体的且具有多种维度的。对深度学习本身价值取向的思考需要回到人类长期以来的终极价值追求探索。深度学习是人类的重要活动，必然指向人类的终极价值追求。为此，需要对深度学习本身的价值系统进行全方位审视，尤其需要对深度学习的终极价值追求作出探索。

深度学习具有怎样的活动？对深度学习活动的深入把握，需要对其要素及关系进行细致考察。已有研究中不乏从深度学习的定义框架、系

---

① 注：从学习方式、学习过程及学习结果等维度去分析深度学习并没有太大的纰漏，例如李松林教授等进行了"深度学习究竟是什么样的学习"的追问（详见李松林、贺慧、张燕：《深度学习究竟是什么样的学习》，《教育科学研究》2018 年第 10 期）。但这种思考方式容易从一开始就形成深度学习是某种形式学习的定势思维路径，从而难以从更高角度审视人类的深度学习本质。

② 李广：《小学语文深度学习：价值取向、核心特质与实践路径》，《课程·教材·教法》2017 年第 9 期。

③ 张诗雅：《深度学习中的价值观培养：理念、模式与实践》，《课程·教材·教法》2017 年第 2 期。

④ 贾志国、曾辰：《自主化深度学习：新时代教育教学的根本转向》，《中国教育学刊》2019 年第 4 期。

统结构、评价体系、促进策略模式和技术支持模型等多个方面对深度学习如何存在并如何促进作深入的探索，对把握深度学习的运作机理和促进策略有启发作用。然而，从不同维度去研究深度学习是如何存在，将它分割开来研究得出的结论并非能够反映深度学习的全貌，亟待从整体的角度对深度学习活动基本结构进行考察。

二 研究方法论框架

对于哲学方面研究的问题，方法必须同哲学观联系起来才有意义。① 不同的哲学观实质代表不同的哲学范式，其背后的方法论亦有所差异。在思考具体哲学问题时，相关哲学理论体系具有抽象的方法论意蕴。例如，价值哲学研究的方法论便是其思考问题的思维模式。② 用文化哲学理论去分析深度学习问题，文化哲学观比具体的方法更重要，此时文化哲学就变成了方法论。③ 可见，在哲学问题的探讨上并非像具体学科那样强调特殊方法，而是强调哲学观和思维模式。文化哲学孕育了人与文化整合的"功能性"本质观，提供了理想主义或批判性文化哲学的课程与教学研究方法论的行进路线。④ 这对文化哲学视域下的深度学习研究有重要启发作用。

（一）文化哲学方法论的多维进路

文化哲学理论发展到今天，已日趋形成成熟的体系。"文化哲学本质上是认识人性的一种方法论。"⑤ 这是从哲学角度认识文化哲学的方法论价值。在教育领域，黄甫全教授提出文化哲学可以作为独特逻辑和思维

---

① 蒙培元：《中国哲学的方法论问题》，《哲学动态》2003 年第 10 期。

② 王玉樑：《论价值哲学研究的方法论问题》，《哲学研究》2007 年第 5 期。

③ 注：在哲学探讨的层次讨论方法论问题，通常有哲学包含方法论、哲学具有方法论功能及哲学即方法论的三种观点（详见叶澜：《教育研究方法论初探》，上海教育出版社 2014 年版，第 2—5 页）。本研究认为文化哲学不仅具有知识功能，更具有方法论的功能。文化哲学可以作为普遍性的思维方法，是一种深入把握事物规律的哲学思维方式，对人们认识及改造世界具有根本性的方法意义。

④ 黄甫全：《论个性化的教育研究方法——基于我个人的体会和经验》，《中国教育科学》2017 年第 2 期。

⑤ 周可真：《始于阳明心学的中国传统文化哲学的历史演变——兼论中西哲学同归于文化哲学的发展趋势》，《武汉大学学报》（人文科学版）2015 年第 3 期。

方式的方法论。① 曾文婕教授对文化哲学的方法论进行了深入且持续的探讨，并总结出"从人与文化的关系切入""追求整体取向""强调价值诉求"和"凸显历时意识"的思考进路。② 从上述分析可以发现，文化哲学理论体系事实上也体现了这几个立场，蕴含了相关的方法论进路。

事实上，文化哲学理论体系还包括着"站在人类整体发展立场"的思维进路。卡西尔提出的"人论"，实质上是"人类论"，而不是"个人论"，它是立足于人类整体文化及发展的历史去看待人与文化，而不仅仅是单个个体。"站在人类整体发展立场"和"立足于个体的立场"有本质区别，它是站在人类整体发展的高度看待问题，而不是仅局限于个体利益诉求和价值取向。当然，它也并不忽视个体生命的立场，没有个体就没有整体。从这个角度出发，就可以发现其与人类命运共同体理念息息相关。从施韦泽所提出的建设文化国家也可以看到"站在人类整体发展立场"的逻辑脉络。

进一步地，从文化哲学的理论体系当中还可以发现"通往文化境界"的思考路线。"境界就是一个人的'灵明'所照亮了的、他所生活于其中的、有意义的世界"。③ 境界通常是针对人的精神状态而言，与人生境界联系在一起，但文化境界是反映某个社会或国家的精神面貌，是反映整个社会文化的精神高度。文化境界古来有之，我国古代提出的"天人合一"思想正是文化境界的体现。④ 文化哲学视域下文化境界所强调的是在文化上融通，是一种文化大局观、文化大视野和文化大胸怀的体现，它倡导贯通古今中外文化，从多维视角立体化地连接并阐释现实世界。它向往的是跳出"小我"，走向"大我"的思想境界，综合人类整体的发展和人类历史演进的维度透视具体问题，从而获得真正无限开阔的文化视野。"通往文化境界"既源于现实，又超越现实，最终回到现实，从而获得对现实问题的解释力与洞察力。

文化哲学方法论具有理想性和批判性，是对人类与文化关系进行整

---

① 黄甫全：《学习化课程刍论：文化哲学的观点》，《北京大学教育评论》2003 年第 4 期。
② 曾文婕：《论文化哲学的方法论意蕴》，《南京社会科学》2012 年第 8 期。
③ 张世英：《哲学导论》修订版，北京大学出版社 2008 年版，第 69—77 页。
④ 王卓：《17 世纪英国玄学诗歌自然意象中的"天人合一"文化境界》，《河南社会科学》2018 年第 11 期。

体性把握的思维方式。立足于文化哲学方法论去认识并把握深度学习，本研究将始终秉持以下思维方法：一是立足于人类发展整体去审视深度学习的价值、意义和应然方向。二是追求融通的文化境界，将人类已有的优秀文化成果均纳入深度学习研究视野内，力求做到整体、连贯和全面。三是从历史演进的视角审视深度学习的发展，尤其是从人类文明发展的高度去评价与判断深度学习的理论价值。四是具有文化系统观的思维，从文化系统的角度对深度学习进行剖析与建构。五是关注深度学习的价值系统，对其所指向的价值追求、蕴含的价值特质和具体指向的价值目标作系统分析。六是既从教育立场出发，又要回到教育立场，既从人类整体发展的宏观视角审视深度学习，也要以课堂教学情境中的深度学习实践为主要抓手。总之，在文化哲学方法论中审视与重构深度学习，需要遵循站在人类整体发展高度，从深度学习看到背后的人与文化，增强文化融通宽度的思维方法。

（二）文化哲学方法论的逻辑结构

上面分析了文化哲学方法论的多维进路，但尚未探讨文化哲学方法论的内在逻辑。从已有运用文化哲学分析教育领域问题的文献中可以发现不少学者忽视了文化哲学方法论的内在逻辑，从而陷入文化哲学观点松散罗列及逻辑混乱的困局。事实上，文化哲学方法论具有生成性的内在逻辑且有特定的逻辑结构。

首先，文化本质在文化进化中得以生成。文化哲学确定了文化作为本质的前提，进而需分析文化本质是什么。文化离不开人的存在，文化本质必然离不开人的本质。文化本质是人类世界不断进化的活动及形态。原始时代人类社会与现代人类社会的文化本质有巨大差异，可见文化本质在创造性实践与进化中生成。人类文化具有功能性本质，在不同事物相互作用中及在实践活动发展过程中生成变化。

其次，文化在进化过程中不断生成本质，存在着多种发展方向的可能性及理想，此时就需要对其价值问题进行探讨。人类文化是人类根据自身的意图和现实世界的可能性进行创造并建设的。对于哪些文化可能性需要人们主动选择并勇于跨越现实的束缚去实现归根结底是价值的问题。文化价值问题在文化哲学中具有重要位置，人类正是因为需要对新的意向与可能性进行满足，才可能有文化实践活动，创造系统有序的文化世界。人类价值问题面向的是人类主体，其探讨的前提在于对人本质及文化本质的把握。

最后，文化哲学方法论中蕴含的"文化本质论—文化价值论—文化活动论"内在逻辑致思进路是环环紧扣的分析方法，能对人类文化及其事物有全方位的深刻洞察，同时能指引人们创造出合乎理想的新文化活动。人类整体立场及文化境界渗透在文化哲学方法论内在逻辑的每一个环节，使其拥有更大的文化格局和更宽广的文化视野考察与重构文化活动。为此，本研究将首先分析深度学习的文化本质，其次探讨深度学习的文化价值，最后分析深度学习的文化活动结构。富有洞见的文化哲学方法论内在逻辑为考察与重构广义人类深度学习提供新的思维方式。

三 具体的研究方法

本研究的主要研究对象是理论形态的人类深度学习，所采取的基本研究范式是思辨研究范式。① 在对"深度学习的本质是什么""深度学习的价值追求是什么"及"深度学习是怎样的活动"这些基本理论问题的研究上，必须要采取可以对深度学习本质、命题与原理等进行反复考察、批判及建构的思辨研究范式。本研究在对深度学习的这些基本理论问题的探索过程中，将广泛使用逻辑分析方法进行考证。

文献研究法是思辨研究中的核心方法，但采取该研究方法应始终在方法论的指导下进行。文化哲学方法论要求研究者对文化持有进化、整体、联系与批判反思的思维方法，文献从本质上看就是人类文化成果的一部分。文化哲学方法论指导下的思维方法对于本研究在使用文献研究法时同样适用。在对深度学习的抽象概念、内涵及其原理进行深入剖析的研究过程中，需要对大量与深度学习研究相关的文献资料进行深入分析，包括但不限于书籍、期刊和报告等将成为本研究的资料来源。因此，本研究在以文化哲学作为方法论的基础上，以收集、评价、综合分析文献并形成结论为基本流程的文献研究法为主，文献研究法并非简单的资

---

① 注：思辨研究范式是哲学研究的主体范式，以期超越经验束缚，产生前瞻性及普遍性理论观点。在教育研究中采用思辨研究范式是思想及理论突破的重要途径。本研究将思辨研究作为主要的研究范式，主要采取演绎、判断及推理的思路。

料罗列，而是对诸多方面的相关资料系统地通过思辨研究范式整理归纳成研究的基础。本研究将系统整合教育学、心理学、认知神经科学和智能技术科学等多个学科中与深度学习相关的研究资料，对深度学习理论进行批判性的审视与重构。

四　本研究主要思路

以文化哲学方法论内在逻辑作为分析进路，本研究着力对"深度学习的本质是什么""深度学习的价值追求是什么"及"深度学习是怎样的活动"等基本问题进行系统探索，并以此来组织本研究的整体探究思路。在绪论部分提出深度学习基本理论探索的价值与意义。对国内外已有的深度学习和文化哲学重要研究成果进行系统梳理，并对取得进展和不足进行评价，找出深度学习研究亟待突破的重要领域，探讨已有文化哲学研究的局限之处。进而对已有深度学习及文化哲学概念进行梳理与批判性分析，并给出本研究的界定。在研究设计方面，提出具体的问题，归纳出文化哲学方法论多维进路及逻辑结构，并设计本研究的分析进路与方法。

首先，对深度学习的文化本质进行揭示。只有将深度学习的抽象文化本质加以洞察，才能发现它是怎么样的存在。文化的本质离不开人的本质，深度学习的本质更不能忽略人的本质。深度学习的文化本质是在人与文化的关系场域中得以生成的。进而，从人的本质、文化本质和深度学习在人与文化关系场中整合的角度揭示了深度学习实质上和人与文化存在同一性。接着，从深度学习中的核心要素文化性及活动文化本质进一步阐明了深度学习的文化本质表征。

其次，对深度学习的文化价值作探讨。对深度学习文化价值的探讨，首先要系统分析深度学习的文化价值具有何种结构和层次。文化价值通常具有存续及功能两种层面的价值，而人的价值系统亦具有这两种层次的价值追求。深度学习由于其所具有的文化本质而同样蕴含存续文化价值和功能文化价值，对深度学习的存续价值及功能价值探索是分析深度学习文化价值的重要组成。此外，文化哲学启发人们思考存续及功能价值之外的超越价值。人与文化总在不断进化中超越自身，从而具有超越的价值需要。深度学习作为人类的创造性活动，是人类不断超越自身的价值活动，需对超越价值的抽象性质进行探讨。人类的超越价值指向人类的终极价值探索，真善美同一的价值追求是人类长期以来的终极价值取向，理应成为深度学习终极文化价值追求的核心。由于深度学习存在着多种层次，其真善美同一价值追求也存在多重境界。

最后，对深度学习文化活动中的要素及关系整体分析，以把握深度学习文化活动的基本形态。深度学习文化活动的发生需要基于特定的文化要素，此处的文化要素是指深度学习文化活动涉及到的诸多广义媒介。具体而言，对深度学习文化活动中所涉及的文化内容元素、物体要素与神经因素进行系统探讨。在深度学习的文化关系方面，重点分析深度学习交往关系、过程关系和规则关系。对深度学习活动的要素与关系进行整体分析，有利于把握深度学习文化活动基本结构。

推动深度学习从文化之思走向文化境界是本研究的意向所在。面向智能时代，呼吁人们立足于文化哲学视域，站在人类整体发展的高度，力求做到文化层面融通，使得深度学习能够步入文化之境，真正成为人学习生命、整体生命和人类社会整体发展的核心竞争力与不竭动力。在通往深度学习文化境界愿景的指引下，细化具体文化目标，明确相关文化创造活动，以期广义人类深度学习能更好地展开。最后总结本研究主要创新点，分析有待提升之处，并对未来研究方向作出展望。

第 二 章

本研究的理论基础分析

从文化哲学视域对深度学习的基本理论问题进行考察与建构，需要以文化哲学基本逻辑和深度学习理论作为理论基础。为了更好地解决本研究所聚焦的问题，需要系统总结并批判性整合已有的深度学习理论和文化哲学理论，形成本研究的理论分析框架。在深度学习理论基础部分，需要围绕所探讨的问题将学界已作出的重要探索进行清理、归纳与整合，作为本研究对深度学习基本理论进一步创新建构的基础。在文化哲学理论基础部分，从不同文化哲学理论流派所构成的整体理论图景中归纳提炼其内在理论逻辑，形成"整体—主线"的理论观照逻辑框架，是使用丰富的文化哲学理论体系对深度学习进行多维度地解构和建构的有效路径。围绕本研究所聚焦的问题，将有所选择地对一些学界普遍认可的文化哲学流派及思想家的核心理论观点进行梳理，进而整理出其理论基础。

第一节　深度学习理论基础

深度学习经过几十年的发展，已经形成丰富复杂的理论体系。[①] 在对深度学习理论基础的梳理中既要抓住受到学界广泛认可的经典理论观点，也要兼顾一些影响力较小但较为重要的突破性理论认识。从学界已有研

---

① 注：对于理论的认识，首先要界定理论的范围。本研究倾向于将理论定义为由单个或多个学术概念组成，这些学术概念通过特定的因果关系联结起来，能够对特定的现象进行预测或者解释。也即是说，多个作为自变量的学术概念可以导致作为因变量的现象发生。这种因果关系甚至可以用数学公式进行表述（参见张梦中、霍哲：《理论的建立与发展》，《中国行政管理》2001年第 12 期）。

究发现，部分学者在对深度学习理论进行把握时，陷入"信奉"个别知名学者理论观点的困境，即使该理论观点已经明显不适用于当前文化环境。人类文化是在不断进化的，深度学习作为人类极具创造力的文化活动，其形态更是不断发生变化。文化哲学方法论启发人们在对深度学习理论进行把握时要持进化与发展的态度。为此，本研究将持有理论进化的意识，从研究问题出发归纳总结已有深度学习理论基础。

一　深度学习理论批判反思观点

对深度学习理论发展的反思属于对深度学习理论的"元研究"，所进行的是深度学习理论的元反思，将深度学习概念及其理论作为研究对象，找寻"深度学习概念框架是否成熟？其理论渊源是什么？其立场的分歧是什么？"等更为深层次的理论问题。

（一）深度学习概念框架

深度学习概念正式提出源于马飞龙等人基于对大学生阅读能力的测验所获得的发现。采取浅层加工（surface-level processing）学习方法的学生仅是死记硬背，没有建立相关联系，而采取深层加工（deep-level processing）学习方法的学生对阅读材料进行深入理解并可将其迁移到测验中。[①] 马飞龙等人的研究仅是深度学习概念的雏形。有学者对马飞龙等人提出深度学习概念的系列研究进行批判反思。吉布斯（Gibbs，G.）等人对马飞龙等有关学习的系列成果从现象学的角度进行了回顾，认为马飞龙等人所描述的深层加工是认知心理学家所称的语义或深层加工领域的定性变异。[②] 随着深度学习理论的发展，其概念提法也逐渐从"深层加工"走向"深度学习（deep learning）"。有关深度学习的概念定义、适用情境、结构框架和操作指向日渐呈现多样化的解释。尽管有部分深度学习概念多样化是因内部变量类型差异而引起的，如在不同场景下不同的学生群体所表现出来的深度学习形态也有所差异。但人们对深度学习理

---

① Marton F., SäLJö R., "On qualitative differences in learning: i-outcome and process", *British Journal of Educational Psychology*, Vol. 46, No. 1, 1976.

② Gibbs G., Morgan A., Taylor E., "A review of the research of Ference Marton and the Goteborg Group: a phenomenological research perspective on learning", *Higher Education*, Vol. 11, No. 2, 1982.

解的外部差异，也会导致多样化的解释。其中，对于部分要素是否包含在深度学习概念之中会影响相关实证研究结果并产生较大差异。丁斯莫尔（Dinsmore, D. L.）等人对深度学习实证研究结果存在不一致的结果进行分析，发现理论框架不一致是导致差异的主要原因。[①] 该项研究反映了深度学习理论至今已经发展出多种框架，启发后续学者们在进行研究时需要对深度学习的定义结合研究情境作出更精确的定义并注意到不同理论框架的差异性。

（二）深度学习理论渊源

深度学习作为正式的学术概念提出时间仅几十年，但不少学者认为其源远流长，不仅与近百年西方认识学习理论密切相关，还可追溯中外经典教育思想。有学者提出，深度学习理念的智慧可从我国古代经典教育理念中挖掘。[②] 我国古代一些著名的教育论著被认为蕴含深度学习的理念，如《中庸》《荀子·劝学》以及《论语·述而》。[③] 有学者对深度学习进行广义的解读，认为"深度学习更接近于教化的含义。"[④] 在这种解读下，深度学习理论可追溯到西方古代的教育理念。例如，苏格拉底的启发教学法可视为深度学习中问题式学习雏形。[⑤] 深度学习理论还被追溯到近现代教育名家所提出的学习理论中。其中，杜威（Dewey, J.）的"U型学习"[⑥] 和"做中学"[⑦] 等学习理论观点均被视为对当前深度学习理论有启发意义。在深度学习理论发展过程中，学者们对古今中外优秀

---

① Dinsmore D. L., Alexander P. A., "A critical discussion of deep and surface processing: what it means, how it is measured, the role of context, and model specification", *Educational Psychology Review*, Vol. 24, No. 4, 2012.

② 祝智庭、彭红超：《深度学习：智慧教育的核心支柱》，《中国教育学刊》2017年第5期。

③ 崔允漷：《指向深度学习的学历案》，《人民教育》2017年第20期。

④ 吴忭、胡艺龄、赵玥颖：《如何使用数据：回归基于理解的深度学习和测评——访国际知名学习科学专家戴维·谢弗》，《开放教育研究》2019年第1期。

⑤ Wang S. Y., Tsai J. C., Chiang H. C., et al., "Socrates, problem-based learning and critical thinking—a philosophic point of view", *The Kaohsiung Journal of Medical Sciences*, Vol. 24, No. 3, 2008.

⑥ 郭元祥：《论深度教学：源起、基础与理念》，《教育研究与实验》2017年第3期。

⑦ 祝智庭、彭红超：《深度学习：智慧教育的核心支柱》，《中国教育学刊》2017年第5期。

的学习理论或理念进行提炼及改造，并将其与深度学习理论联系起来，成为深度学习理论发展的"源泉"。

（三）深度学习立场分歧

由于深度学习研究立场众多，这些不同研究立场的研究者在对深度学习的认识上存在着较大分歧。部分学者对深度学习内涵的理解尽管在其研究视角下逻辑自洽，但并不被其它立场的学者所接纳，有的被质疑为"混淆视听"。① 事实上即使在同一研究领域的学者也持有不同立场，如同一学科内的学者有关深度学习的研究被划分为"实证"的视角和"理论"的视角。② 还有一些学者认为认知心理学派学者对深度学习研究"技术理性"和"工具理性"的色彩浓厚，缺乏价值观。③ 这些争议使学者们对深度学习理论研究的立场批判及反思较为普遍。

二　深度学习本质方面理论观点

对于深度学习本质方面的理论探讨，学者们多是基于"深度学习是什么样的学习"问题展开探索，在早期的深度学习研究中，学者们对深度学习相较于其它学习方式的差异作出了分析以阐明深度学习的独特之处。近年来，学者们对深度学习与文化活动的关系进行了探讨。

（一）深度学习是与浅层学习相异的学习方式

深度学习在早期的研究中作为与浅层学习相对的学习方式，常常被用于探索其与学生学习表现之间的关系，即深度学习中的"深度"是相较于浅层学习的"浅层"而言的。摩根（Morgan，A.）在英国大学生群体中展开调查研究，确定了在真实的教学环境下学生存在浅层学习及深度学习两种学习方式。④ 比格斯等人提出了深度学习的"意义—复制—实现"模型。但该模型也存在一些问题，如其"再现"的维度过于广泛，难以指导实践，需要对其涉及的因素继续探索。维沃特金斯（Watkins，

① 李小涛、陈川、吴新全等：《关于深度学习的误解与澄清》，《电化教育研究》2019 年第10 期。

② 孙智昌：《学习科学视阈的深度学习》，《课程·教材·教法》2018 年第 1 期。

③ 吴永军：《关于深度学习的再认识》，《课程·教材·教法》2019 年第 2 期。

④ Morgan A.，"Variations in students' approaches to studying"，*British Journal of Educational Technology*，Vol. 13，No. 2，1982.

D.）对澳大利亚大学生群体有关学生使用浅层学习或深层学习策略的调查，发现在"复制"的维度下还可以划分为表层学习和混淆学习，且发现艺术类学生及成熟学生更可能采取深度学习方式。[1]

值得注意的是，早期深度学习概念与有效学习概念在学者们的研究中是相互换用的，两个概念均被理解为在高层次上实现对学习内容的理解并能够长时间保持。两个概念在早期的测量方式上也具有相近性，都是通过对学习内容的理解分析能力进行评估或通过对学业表现进行评价。福特（Ford，N.）将马飞龙等人的研究作为高等教育中的有效学习（effective learning）进行归纳综述。[2] 可见深度学习的概念在某种程度上与有效学习是密切联系的，而且在研究中也常被学者们归为相近概念。

（二）深度学习是一种高阶认知过程

深度学习理论自诞生之初，就已经将理解作为自己的核心要素之一。恩特威斯尔（Entwistle，A.）等人通过调查高校中完成学业的学生，发现理解存在不同类别和形式，进而对深度学习中的理解本质深入探讨，认为理解意味着能从整体上对意义贯通、能灵活迁移、有信心对其作出解释并感到通畅。[3] 以往学界往往认为理解具有一致的形式与结构，但恩特威斯尔等人揭示存在发展中的理解，这种理解与个人的经验和知识有关，从而使得理解存在个别形式，这为深度学习中的理解概念作了进一步开拓。判断力、理解和逻辑思维等要素均是深度学习所蕴含的。有学者认为，知识的逻辑演绎、选择判断是深度学习发生的条件。[4]

施梅克（Schmeck，R. R.）等人基于马飞龙等人提出的深度加工概念建立了学习过程策略量表，发现批判思维能力低而成就动机高的学生更有可能采用低效的重复性学习方式，源于他们难以进行深度加工。[5] 认

---

① Watkins D. , "Identifying the study process dimensions of Australian university students", *Australian Journal of Education*, Vol. 26, No. 1, 1982.

② Ford N. , "Recent approaches to the study and teaching of 'effective learning' in higher education", *Review of Educational Research*, Vol. 51, No. 3, 1981.

③ Entwistle A. , Entwistle N. , "Experiences of understanding in revising for degree examinations", *Learning and Instruction*, Vol. 2, No. 1, 1992.

④ 钱旭升：《论深度学习的发生机制》，《课程·教材·教法》2018 年第 9 期。

⑤ Schmeck R. R. , Ribich F. D. , "Construct validation of the inventory of learning processes", *Applied Psychological Measurement*, Vol. 2, No. 4, 1978.

知思维在深度学习中的重要性受到人们关注。在当前的深度学习研究中，常见的高阶认知技能概念来源于科列尔（Collier, K. G.）对深度学习的拓展，科列尔除了分析高阶认知技能对深度学习的重要性外，主要是检验了同伴学习对高阶认知技能的促进作用，并发现了同伴学习可以有效促进高阶认知技能发展。① 由科列尔在深度学习研究中提出该概念开始，一系列的高阶思维、高阶迁移和高阶理解逐渐在深度学习探索中出现。纳尔逊（Nelson, L. T. F.）等人基于深度学习量表对大学新生深度学习发生的影响因素进行评估，发现尤为重要的因素是反思。② 该研究提示了反思性思维在深度学习中占有重要地位。

（三）深度学习是与文化密切联系的活动

在深度学习理论的发展过程中，人们逐渐认识到深度学习和现实文化密切相关，是人类一种与文化密不可分的实践活动。这一方面得益于学者们对文化在学习中重要地位的认识，发现学习具有文化的本质。学习者均在特定的文化情境下通过某种文化的形式进行学习和成长，学习与文化相互融合。学习是一种社会实践参与及文化体验。③ 另一方面，人们对深度学习的认识逐渐加深，学者们开始从文化的视角审视深度学习。人类的文化在深度学习中起到重要作用，文化作为中介及背景影响着学习者的深度学习。学生个体经验与人类历史文化联系可通过深度学习发生。④ 学习者通过深度学习能够体验历史文化，同时也参与了文化实践。深度学习面向现实文化世界，强调学习者在文化情境中的迁移应用。美国部分学者提倡深度学习指向的是未来学业及工作的成功。⑤ 在深度学习过程中，其诸多具有文化性的要素构成深度学习的活动过程。由此可以

① Collier K. G. , "Peer-group learning in higher education: the development of higher order skills", *Studies in Higher Education*, Vol. 5, No. 1, 1980.

② Nelson L. T. F. , Seifert T. A. , Pascarella E. T. , et al. , "Deeply affecting first-year students' thinking: deep approaches to learning and three dimensions of cognitive development", *The Journal of Higher Education*, Vol. 85, No. 3, 2014.

③ National Academies of Sciences, Engineering, and Medicine. *How people learn II: learners, contexts, and cultures*, Washington: National Academies Press, 2018, pp. 1 - 22.

④ 郭华：《深度学习及其意义》，《课程·教材·教法》2016 年第 11 期。

⑤ 杨玉琴、倪娟：《美国"深度学习联盟"：指向 21 世纪技能的学校变革》，《当代教育科学》2016 年第 24 期。

发现，深度学习与文化具有密不可分的关系。

三　深度学习价值方面理论观点

在学界热衷于对深度学习究竟是什么及受何种因素影响的实证科学范式探究时，有部分学者开始反思深度学习应该满足人们的何种价值需要。对深度学习价值理论方面的探寻大致从三个方面展开：一是深度学习实践的价值取向；二是深度学习理论框架价值取向；三是深度学习研究的价值立场。

（一）深度学习实践的价值取向

深度学习实践有助于建构价值观和培育核心素养。梅休（Mayhew，M. J.）等人对大学新生在深度学习过程的价值观养成与道德发展进行分析，发现深度学习推动价值观与道德发展的机理路径是整合学习（integrated learning）。[①] 深度学习具有独特的价值观建构功能。有学者从价值嵌入和价值评价两种模式设计了在深度学习中进行价值观培育的方案。[②] 深度学习需要学习者对文化历史有深刻的体悟和理解，可以作为促进学习者核心素养培育的重要途径。课堂教学中深度学习的价值取向也受到了广泛关注。课堂教学在深度学习的推动下成为求美、求善与求真的内涵活动。[③] 另外，在具体内容的深度学习实践价值上，部分学者基于学科特点进行探讨。大学语文教学在深度学习理念引领下推动学生求美、求善与求真。[④] 小学数学教学中深度学习的价值在于学生思维方法、运算能力与特征知识群把握等方面的提升。[⑤] "个性"文化、"文本"内容及

---

① Mayhew M. J., Seifert T. A., Pascarella E. T., et al., "Going deep into mechanisms for moral reasoning growth: how deep learning approaches affect moral reasoning development for first-year students", *Research in Higher Education*, Vol. 53, No. 1, 2012.

② 张诗雅：《深度学习中的价值观培养：理念、模式与实践》，《课程·教材·教法》2017年第2期。

③ 武小鹏、张怡：《深度学习理念下内涵式课堂教学构架与启示》，《现代教育技术》2019年第4期。

④ 文智辉：《大学语文课程教学目标的多维观照——基于深度学习理念视角》，《长沙理工大学学报》（社会科学版）2018年第4期。

⑤ 马云鹏：《深度学习的理解与实践模式——以小学数学学科为例》，《课程·教材·教法》2017年第4期。

"归纳"思维是深度学习在小学语文学科的价值取向。① 可见,在不同内容的深度学习实践中其价值追求有所差异。

（二）深度学习理论框架价值取向

由于文化环境及立场的不同,深度学习还蕴含了更为普遍的且更大的目标与价值取向。课程教学改革、学习科学进步以及社会变迁,是深度学习的价值选择意蕴。② 深度学习的理论框架本身蕴含着特定的价值取向,学者和实践者们在其所主张的深度学习理论框架中渗透进特定的价值体系及意识形态,这些深度学习理论框架与所处的社会文化环境相适应。深度学习对学习者人生发展具有一系列积极的价值驱动作用。所有学习者均需通过深度学习以充分实现其理想,包括社会责任、身份意识、工作成功、健康幸福、知识技能与性格情感等目标追求。③ 在正规教育情境中的深度学习价值已经引起学者们的关注,人们对学校教育中的深度学习理论预设了价值期望。深度学习的价值在于对教师、教学内容以及学生学习意义的重新审视,教学活动应与学生生命相关联,学习成为学生参与历史实践的过程。④ 深度学习对于学习者的生命发展而言具有特定的价值意义,对于学习者的深度学习价值应立足于文化与生命的角度进行分析。要实现文化内生性创造就应该站在生命的角度审视深度学习。⑤ 这些价值期望描述并反映了人们认为深度学习理论对于当前教育教学实践具有独特的价值,能够传达其对于学习者的价值期盼。

（三）深度学习研究的价值立场

学者们在对深度学习进行探讨时,实质上秉持着不同的哲学立场,所体现出来的研究价值导向也是或隐或现的。在深度学习理论研究中占有重要地位的是认知心理学派,这些学者所秉持的经验主义哲学立场使其在深度学习研究中实证色彩浓厚。例如,比格斯研制了被广泛用于评

---

① 李广:《小学语文深度学习:价值取向、核心特质与实践路径》,《课程·教材·教法》2017 年第 9 期。

② 李松林、贺慧、张燕:《深度学习究竟是什么样的学习》,《教育科学研究》2018 年第 10 期。

③ Dunleavy J., Milton P., "Student engagement for effective teaching and deep learning", *Education Canada*, Vol. 48, No. 5, 2008.

④ 郭华:《深度学习及其意义》,《课程·教材·教法》2016 年第 11 期。

⑤ 钱旭升:《论深度学习的发生机制》,《课程·教材·教法》2018 年第 9 期。

价学生是否达到深度学习状态的学生学习过程问卷 LPQ 和 SPQ，且他还给出了针对学生量表分数应采取的教学方法、学习干预和课程设计方法。[①] 这些实证主义的研究与实践无疑对深度学习的理论发展起到了推动作用。这些研究大多遵循实证主义的研究范式，在价值立场上持中立的态度并排除价值的影响。此外，从教育技术的视角对深度学习进行研究也多数倾向于此种价值无涉的研究范式。然而，这种深度学习研究范式被部分学者质疑存在价值关怀缺失的问题。[②] 深度学习研究范式本身所持有的价值立场受到学者们的批判与反思。

四　深度学习活动方面理论观点

对深度学习活动方面的理论探讨，主要涉及深度学习中的诸多因素及其相互关系的探讨。学习活动由于深度学习任务而进行了重构，[③] 在不同情境下的深度学习活动形态有所差异。从抽象意义上对这些深度学习活动所涉及的共性要素及其关系进行探讨，是深度学习活动方面理论的重点。

（一）深度学习活动中的要素

深度学习活动的影响因素复杂多样。学者们发现，单纯的深度学习方式对于学习表现的影响并非特别显著，他们认为存在着其它影响因素和深度学习因素同时作用，从而使得学生能在学业评价中取得良好表现。其中，学习观念受到学者们的关注。罗苏姆（Rossum，E. J. V.）等人基于马飞龙等人的概念进一步探索了学习成果与学习观念、学习策略之间的关系，发现除了深度学习方法外，积极的学习观念也对学习结果产生影响，且这两个因素需要结合起来才能对学习表现产生积极影响。[④] 该研究揭示了动机对深度学习的重要作用。通常而言，学生学习动机也是影

---

① Biggs J. B. , *Student approaches to learning and studying*: *study process questionaire manual*, Hawthorn: Australian Council for Educational Research Ltd, 1987, pp. 19–20.

② 吴永军：《关于深度学习的再认识》，《课程·教材·教法》2019 年第 2 期。

③ ［加］迈克尔·富兰、［美］玛丽亚·兰沃希：《极富空间：新教育学如何实现深度学习》，于佳琪、黄雪锋译，西南师范大学出版社 2015 年版，第 45 页。

④ Rossum E. J. V. , Schenk S. M. , "The relationship between learning conception, study strategy and learning outcome", *British Journal of Educational Psychology*, Vol. 54, No. 1, 1984.

响学生学业表现的因素之一。此外，自我调节能力、元认知能力也被认为对学业表现发挥重要作用。黑奇拉（Heikkilä, A. ）等人在对大学生学习的研究中对深度学习相关联的因素进行拓展，将深度学习与认知策略和自我调节关联起来。① 对这些要素进行整合是推进深度学习活动理论发展的方向。

深度学习活动中的核心要素是以知识为代表的深度学习任务内容。深度学习活动中的学习内容与一般学习中的学习内容有所差异，这些差异体现在学习者与内容之间构建起了学与做的活动中介。② 另外，还强调迁移将深度学习与学习者应具备的 21 世纪技能联系起来。③ 在深度学习中，知识的学习更加具有灵活性并且富有创造性。深度学习中的知识迁移既包括了知识在学习外部不确定、未知的以及复杂的情境迁移，也包括了学习者内部不同知识点之间的联系与整合。④ 具有系统性的知识与其他外部系统的连接，能够使得知识学习更加具有实践性。与此同时，知识网络可以和其他的网络例如社会网络整合起来，形成新的社会知识网络。⑤

新兴技术在促进深度学习方面的功能受到学者们的重视。尽管新兴技术在深度学习任务中所发挥的作用很大程度上取决于应用的方式，但这些新兴技术对深度学习的潜在功用是不可忽视的。技术资源和工具使得人们在获得、发现与创造知识方面拥有优势，能够加速深度学习的发生。⑥ 深度学习活动中的技术形态相当丰富，这些技术的合理运用能够对深度学习起促进作用。知识建构工具扮演促进深度学习的重要角色，如

---

① Heikkilä A. , Lonka K. , "Studying in higher education: students' approaches to learning, self-regulation, and cognitive strategies", *Studies in Higher Education*, Vol. 31, No. 1, 2006.

② ［加］迈克尔·富兰、［美］玛丽亚·兰沃希：《极富空间：新教育学如何实现深度学习》，于佳琪、黄雪锋译，西南师范大学出版社 2015 年版，第 46 页。

③ National Research Council. *Education for life and work: developing transferable knowledge and skills in the 21st Century*, Washington: National Academies Press, 2013, pp. 1 – 12.

④ 刘哲雨、郝晓鑫：《深度学习的评价模式研究》，《现代教育技术》2017 年第 4 期。

⑤ 余胜泉、段金菊、崔京菁：《基于学习元的双螺旋深度学习模型》，《现代远程教育研究》2017 年第 6 期。

⑥ ［加］迈克尔·富兰、［美］玛丽亚·兰沃希：《极富空间：新教育学如何实现深度学习》，于佳琪、黄雪锋译，西南师范大学出版社 2015 年版，第 62—69 页。

可通过具有文化意义及考虑文化差异的绘本促进学习者深度学习。[1]　一些技术既为学习者学习带来助力，又可以为教师教学起支撑作用。学习分析工具可以作为学习者深度学习过程的支撑工具，相当于对学习者的脑力资源进行扩充，又可作为深度教学模式的部分。此类工具在混合学习情境中可有效对该模式进行支持。[2]　技术在深度学习中的作用发挥需要参与主体有意识的整合。对翻转课堂中涉及的文化物及其集合结合本土实际情况进行转化后，可促进学习者深度学习的发生。[3]　部分技术或工具构建了良好的深度学习环境，间接推动了深度学习的发生。对办学环境进行系统生态式设计，可营造审美、价值观与核心素养等方面浸润式培育的深度学习环境。[4]　当前深度学习的探索已经与学习科学和认知科学联系在一起。学习科学与深度学习紧密相连，源于它能揭示学习的规律及本质。[5]　深度学习的神经机制是深度学习活动中的生理基础，神经元及关系结构的"物质"是深度学习的基础。[6]　神经因素作为生理媒介中的重要组成部分，是与其他媒介联合对深度学习起作用的重要媒介。深度学习的活动认识需要从神经科学机制方面进行深化。[7]

（二）深度学习活动中的关系

对深度学习活动中的关系把握是洞察深度学习活动基本架构的基础，深度学习中的要素通过多样关系联结在一起，建构起复杂的深度学习活动。对深度学习活动中的关系，部分学者提出了较为系统的深度学习体系，以阐明各要素之间的复杂关系，如富兰（Fullan，M.）提出的"新

---

①　娄龙雁：《绘本在学科深度学习中的应用》，《上海教育科研》2018 年第 11 期。

②　彭涛、丁凌云：《混合学习环境下基于学习分析技术的深度教学模式研究》，《继续教育研究》2017 年第 9 期。

③　姚巧红、修誉晏、李玉斌等：《整合网络学习空间和学习支架的翻转课堂研究——面向深度学习的设计与实践》，《中国远程教育》2018 年第 11 期。

④　刘党生：《深度学习环境下的学校实验生态设计案例（下）——访上海新纪元双语学校校长李海林教授》，《中国信息技术教育》2016 年第 5 期。

⑤　孙智昌：《学习科学视阈的深度学习》，《课程·教材·教法》2018 年第 1 期。

⑥　张玉孔、郎启娥、胡航等：《从连接到贯通：基于脑科学的数学深度学习与教学》，《现代教育技术》2019 年第 10 期。

⑦　黄甫全、李义茹、曾文婕等：《精准学习课程引论——教育神经科学研究愿景》，《现代基础教育研究》2018 年第 1 期。

教学方法"模型。① 除了深度学习模型外，一些具体的路径及方案也被学者们重点探讨。例如，"个性化—合作"是学习者深度学习过程中社会化的路径之一。② "任务—活动—进程—决策"等要素构成了深度学习的灵活性架构。③ 这些探索基于多种理论视角对深度学习活动的关系及规则进行了建构，对这些探索进行深一层的抽象反思有助于把握种类繁多的深度学习活动共性关系。深度学习活动中的共性关系可用规则进行阐释。规则可以对不同学习或发展的成功状态进行清晰描述，也可以用于深度学习的设计、实施及评估。④ 一些普遍性的深度学习活动规则逐渐被提出。融合价值关怀与知识演绎的内生文化，应是学习者深度学习中形式化符号的转化方向。⑤ 深度学习活动归根结底是人的活动，师生作为深度学习中的核心主体，其互动关系是深度学习的基础。师生关系是学习者深度学习活动的存在基础，对话型的师生关系有利于学习者深度学习的生成。⑥ 深度学习活动规则构建背后的深层逻辑是深度学习的使命，深入参与世界并对世界进行改造不仅是人类的使命，还是深度学习的根本性要义。⑦

五　深度学习理论对本研究意义

上述深度学习理论在深度学习理论批判反思、深度学习本质、深度学习价值、深度学习活动及深度学习系统方面中某个细分问题上作了较为深入的探索，为本研究对深度学习理论的清理与创新提供基础。然而，这些深度学习理论整体上比较散乱，使得人们难以对深度学习形成立体化的认识。从狭义的课堂教学中深度学习角度探讨居多，较少上升到广义的人类

① ［加］迈克尔·富兰、［美］玛丽亚·兰沃希：《极富空间：新教育学如何实现深度学习》，于佳琪、黄雪锋译，西南师范大学出版社 2015 年版，第 12 页。
② 胡航：《技术促进小学数学深度学习的实证研究》，博士学位论文，东北师范大学，2017年，第 186—190 页。
③ 彭红超、祝智庭：《学习架构：深度学习灵活性表达》，《电化教育研究》2020 年第2 期。
④ Fullan M., Quinn J., Mceachen J., *Deep learning*: *engage the world*, *change the world*, Thousand Oaks：Corwin Press，2018，pp. 170 – 173.
⑤ 钱旭升：《论深度学习的发生机制》，《课程·教材·教法》2018 年第 9 期。
⑥ 俞丽萍：《深度学习视野下课堂互动的优化策略》，《生物学教学》2016 年第 2 期。
⑦ Fullan M., Quinn J., Mceachen J., *Deep learning*: *engage the world*, *change the world*, Thousand Oaks：Corwin Press，2018，pp. 23 – 24.

深度学习层次。从文化哲学的视角上对深度学习理论进行审视与重构主要需要做到三方面：一是对已有的深度学习理论进行系统性反思及批判，总结归纳这些深度学习理论的突破性与局限性；二是对这些深度学习理论在文化哲学方法论的统领下进行理论的元思考及元整合，力求对深度学习理论进行整合并且上升到普遍性规律探寻的高度；三是在文化哲学视域下与已有的深度学习理论对话，在文化哲学视域下挖掘已有理论尚未发现的重要规律，着力将深度学习理论认识提升到文化的境界，使其能够相互联通、自成一体，进而推动人类深度学习理论及实践探讨往前一步。

已有深度学习理论是对已有不同文化、不同对象及不同场景下深度学习活动规律进行解释与归纳，大多属于适用于特定范围下的狭义深度学习理论，可视为深度学习的"微型理论"。本研究旨在对广义人类深度学习活动进行全面细致的考察，而并非重复检验已有深度学习的认识，力求在全方位把握并整合已有狭义深度学习理论认识的基础上，形成对人类广义深度学习更深刻更清晰的认识，进而思考并建构"深度学习的本质是什么""深度学习的价值追求是什么"及"深度学习是怎样的活动"等深度学习的基本性理论问题。对广义人类深度学习基本性理论问题的建构，需要大量的狭义深度学习"微型理论"作为支持。这些深度学习"微型理论"可为深度学习基础性问题的理论建构提供有力支撑。

第二节　文化哲学理论基础

文化哲学因其对人与文化关系的深刻洞察而具有整体方法论的思维品质，在前面的研究思路中已经作了详细阐述。文化哲学除了方法论上的理论价值外，还具有作为人与文化关系问题分析的理论基础。[①] 在本研

---

① 注：文化哲学既具备作为解释问题的学科基础理论功能，也具备方法论功能。叶澜教授认为方法论与理论有密切关系，但需要注意区别，理论的侧重点在于回答是什么的问题，而方法论的侧重点在于回答怎么办的问题（详见叶澜：《教育研究方法论初探》，上海教育出版社2014年版，第2—5页）。在本研究的研究思路中，对文化哲学所蕴含的方法论逻辑进路进行分析，是为了指明重构深度学习理论的方向，要解决的是"怎么办"的问题。在建构深度学习理论的过程中，基于已有深度学习理论基础及学习理论基础，整合文化哲学的理论逻辑，对深度学习的基本理论问题有更深的认识，同时形成逻辑自洽的理论体系，从而解决"是什么"的问题。

究所依托的文化哲学理论基础中，将结合时代以及社会的特性，批判性地整合中西学者有关文化哲学理论的观点。具体而言，本研究的文化哲学理论基础以卡西尔的文化哲学理论逻辑为主线，整合李鹏程、欧阳康、司马云杰、衣俊卿、何萍、许苏民、胡长栓、邹广文、仰海峰、杨善民、周晓阳以及苗东升等国内知名文化哲学研究学者的理论观点，还包括费孝通及张世英等著名学者对文化的哲学思考论述。在文化哲学的理论基础方面，通过集百家之长而达到理论综合创新的效果。此外，还有对文化哲学应用于分析与建构深度学习基础理论的适切性进行讨论。

一　文化哲学理论体系的逻辑要义

在前面研究方法论框架部分已经阐明文化哲学具有生成性的内在逻辑，应围绕"文化本质论—文化价值论—文化活动论"的逻辑顺序展开人与文化的关系及其活动整体的追问。在文化哲学理论的阐释上，也应沿着这一逻辑进路归纳出文化哲学的逻辑要义。

（一）文化本质论

文化的本质在进化中生成，人的本质体现在其创造性活动上。"人的创造性活动如何，人性的面貌也就如何。"① 这些创造性文化活动构成了人的本质，"文化是人的本质存在"。② 在人类不断进行创造性活动过程中，既创造了人类的历史，也使得人类社会不断进步。然而，人类社会持续演进的过程中，人的本质依然没有改变。现代人的本质是一种文化的存在。③ 在现代性社会中，人依然是文化的存在。具体地说，文化存在包含人类实践活动、符号系统及创造力等。将符号、创造力和活动等要素合为一体，可作为对人的主体性认识。④ 其中，对人的主体性生成起首要作用的是创造性活动。人之所以为人，正是靠能动性的创造性活动。⑤

---

① ［德］卡西尔：《人论：人类文化哲学导引》，甘阳译，上海译文出版社2013年版，第9页。
② 胡长栓：《走向文化哲学》，黑龙江教育出版社2008年版，第46页。
③ 邹广文：《文化哲学的当代视野》，山东大学出版社1994年版，第227页。
④ 何萍：《文化哲学 认识与评价》，武汉大学出版社2010年版，第129页。
⑤ ［德］卡西尔：《人论：人类文化哲学导引》，甘阳译，上海译文出版社2013年版，第11页。

除了创造性活动外，人类所创造出的独特符号系统也构成了人类丰富的文化世界。人类文化的全部发展均需依赖符号化的行为和符号化的思维，这些也是人类生活中最富有代表性的特征。①

在洞察人的文化本质后，有必要对人与文化之间的关系进行审视。人与文化的关系密切，创造性活动在其中扮演关键的"桥梁"角色。通过能动性的创造活动，人的本质与文化的本质得以合为一体。② 事实上，人的本质需要通过文化符号系统得以呈现，而文化离不开人的创造性活动。"人—符号—文化"在卡西尔的文化哲学中已经融为一体。③ 这种对人与文化关系的深刻认识，并非脱离科学常识进行讨论，而是突出人与文化的关系。正是符号系统的存在，文化与人的相互作用才能顺利进行。卡西尔突出了人类生活文化圈的存在，即以符号为表征的文化系统。④ 在人类生活文化圈之中人们的具体实践活动才得以开展。

在探讨人与文化的本质及其关系后，有必要简要探讨人类的文化活动及其结构。人类社会的高级形式体现在科学、语言和艺术等组成部分。⑤ 人类的实践活动相当丰富并朝着不同方向迸发。人类生活在文化世界中，同时也在不断地创造文化。这些新创造的文化共同构成了人类生存的文化世界，而且这个文化世界之所以持续地生成及发展，正是源于每个个体都有创造文化的可能。"人不可能过着他的生活而不表达他的生活"。⑥ 人在文化活动中不可避免地与各种文化要素进行交互。人类精神文化的三大基本领域分别是观念、意识及精神。⑦ 这些精神文化要素是人类文化组成的重要部分，也指引人们创造理想的文化世界。在实践过程

---

① ［德］卡西尔：《人论：人类文化哲学导引》，甘阳译，上海译文出版社 2013 年版，第 46 页。

② 李鹏程：《当代文化哲学沉思》修订版，人民出版社 2008 年版，第 11 页。

③ ［德］卡西尔：《人论：人类文化哲学导引》，甘阳译，上海译文出版社 2013 年版，第 12 页。

④ 仰海峰：《文化哲学视野中的文化概念——兼论西方马克思主义的文化批判理论》，《南京大学学报》（哲学·人文科学·社会科学）2017 年第 1 期。

⑤ ［德］卡西尔：《人论：人类文化哲学导引》，甘阳译，上海译文出版社 2013 年版，第 381 页。

⑥ ［德］卡西尔：《人论：人类文化哲学导引》，甘阳译，上海译文出版社 2013 年版，第 382 页。

⑦ 李鹏程：《当代文化哲学沉思》修订版，人民出版社 2008 年版，第 19 页。

中人类将面临不少挑战。人类生活中的创造力与复制力、改革与传统之间存在着无休止的斗争。① 为此，需要对人类文化活动的本质意向做进一步理解及坚持。人类文化活动对自然界的"改造"而创造出"新"的文化物体，生成人的文化世界。② 认识到文化活动的重要意义后，应注意唤醒人进行文化活动的主体性及意向性。人类一切活动的核心在于自觉性和创造性，它是人的最高力量。③ 对文化活动的推动，离不开对人自身生命优化的自觉与社会发展的需求。

（二）文化价值论

对人自身的反思及现实生活的观照并指向优化现实世界的存在，是时代哲学转向期人们需要思考的大问题。④ 文化的本质在进化中生成，在文化进化过程中人类主体不可避免地面临多种文化价值的选择及可能性创造。人类给文化创造了特定的意义与价值，对文化价值的把握应从人赋予其的意义和价值入手。⑤ 究竟什么是人类文化活动的理想意向，是无数哲学家所探寻的问题。对生命实在、生活意义与文化境况等方面价值理想的构勒是文化哲学本性所在。⑥ 文化哲学对文化价值作了深入的剖析，价值探讨成为文化哲学的重要旨趣。

文化活动本身具有特定的价值意向，这很大程度上源于人类有存续、功能及超越的理想。"功能价值"与"生存价值"是人价值的两个重要层面。⑦ 但人的理想并非仅限于生存及现实生活目的的实现，还具有超越性理想。人存在的终极依据来源于文化中的人类理想层面，指向社会和谐及人的潜能释放的目标，以至于真正解放人。⑧ 人类的这些价值追求内嵌

① ［德］卡西尔：《人论：人类文化哲学导引》，甘阳译，上海译文出版社2013年版，第383页。

② 李鹏程：《当代文化哲学沉思》修订版，人民出版社2008年版，第17—18页。

③ ［德］卡西尔：《人论：人类文化哲学导引》，甘阳译，上海译文出版社2013年版，第11页。

④ 李鹏程：《我的文化哲学观》，《华中科技大学学报》（社会科学版）2011年第1期。

⑤ 司马云杰：《文化价值论：关于文化建构价值意识的学说》，安徽教育出版社2011年版，第55—56页。

⑥ 周旭、郑伯红：《文化哲学研究的现实转型》，《求索》2010年第3期。

⑦ 李鹏程：《当代文化哲学沉思》，人民出版社1994年版，第243页。

⑧ 仰海峰：《文化哲学视野中的文化概念——兼论西方马克思主义的文化批判理论》，《南京大学学报》（哲学·人文科学·社会科学）2017年第1期。

于所进行的文化活动中，在人们进行任何一种文化活动时，或隐或现地都能够发现其价值追求所在。对特定文化活动所反映的人类价值追求和文化活动本身价值取向的整合，是推动人的行动与文化活动朝着适宜方向行进的基础。

在人类的价值理想之中，"真""善""美"成为了超越时空的永恒价值追求。然而，这三个重要人类价值追求在不同时代和不同情境中内涵有所差异。在特定文化活动中，这三者的其中之一成为人们进行文化活动的价值取向，但整体而言人们向往这三者的整合同一。对这三者的整合同一成为了人文化活动的终极追求。推动文化活动中这三者的整合同一，需要先对这三者分别为何物探讨。在人类文化世界中，"美"是使得愉悦感产生的追求，"善"是恰当性的关系及生存目的的追求，"真"是对生命存在实在性的追求。[1] 文化哲学的视域启发人们在文化活动中将这三者融合贯通。"健康"及在"健康"基础上的"完满"是人生命存在的文化特性，[2] 正如人类对自身的生命完满追求一样，文化活动也存在着这种完满的取向。在人与文化的发展趋向"真""善""美"三者同一的过程中，必然会达到一种更高的文化境界，这种文化境界可以用"万物一体"进行描述。"万物一体"境界是中西方长达几千年的哲学思想结晶，也是真善美同一的旨归，但此境界并非一蹴而就。[3]"万物一体"境界指引着人类的文化活动朝着"真""善""美"三者同一的方向进发。

（三）文化活动论

在探讨文化本质论和文化价值论这些抽象的文化逻辑后，需要回到人类文化生活的现实对文化活动进行把握。具备"过程的""动态的"及"结构的"特点的文化世界实在性，均处于人的活动之中。[4] 人类的文化活动具有动态性及整体性的特点。人类的文化活动离不开各种符号系统，这些符号系统可以看作文化活动。人类既在比动物更为宽阔的实在中生

---

[1]　李鹏程：《当代文化哲学沉思》，人民出版社 1994 年版，第 294—295 页。

[2]　李鹏程：《当代文化哲学沉思》，人民出版社 1994 年版，第 241 页。

[3]　张世英：《哲学导论》修订版，北京大学出版社 2008 年版，第 212 页。

[4]　李鹏程：《当代文化哲学沉思》修订版，人民出版社 2008 年版，第 160 页。

活，更在新的实在之维中生活。① 人类周遭的文化活动构成了人类的生活世界，为此，有必要对人类所生活的文化世界中的文化符号进行把握。人生活在符号的宇宙之中，语言、艺术和宗教等都是符号宇宙的组成部分，人类在经验及思想上的进步均使得这个符号之网更为牢固。② 一些特定的文化符号成为了人类学习的重要基础。"人类知识按其本性而言就是符号化的知识"。③ 除了这些文化符号要素之外，对人类文化活动所涉及多种形式实在的认识也相当有必要。符号、人与人关系、身外物体及人的身体是把握现实世界文化活动的重要种类。④ 文化活动绝大多数伴随着人身体的行动及变化，部分变化是微观的及内在的，需要用精密仪器才能测量，但也存在部分身体活动是外显的。

在文化活动中，文化物体的存在是不可忽略的文化要素。整体性文化物总和、表征文化意识的文化物、机器系统与工具的文化物和基础资料的文化物，是把握外部世界物体实在性的四个层次。⑤ 这些文化物体可以使得人类文化活动发挥更强大的作用。尤其是在智能文化物出现之后，人类解放自身的进程大大加快。此类智能文化物的出现，使得意识本身外化为物体性、外在性的"活动"。⑥ 此外，交往关系、过程关系和规则关系是文化活动中各文化要素相互联结构成有机整体的基础。人作为文化性及社会性动物，交往关系始终贯穿在文化活动之中。内在行为规范及外在活动行为两种基本交往形式组成的交往文化，是文化的一种现实状态。⑦ 在人类文化活动中存在多种过程关系，不同的活动过程具有内在的关联性。规则在文化活动开展及文化世界的构成中扮演重要角色，以

---

① ［德］卡西尔：《人论：人类文化哲学导引》，甘阳译，上海译文出版社 2013 年版，第42—43 页。

② ［德］卡西尔：《人论：人类文化哲学导引》，甘阳译，上海译文出版社 2013 年版，第42—43 页。

③ ［德］卡西尔：《人论：人类文化哲学导引》，甘阳译，上海译文出版社 2013 年版，第95 页。

④ 李鹏程：《当代文化哲学沉思》修订版，人民出版社 2008 年版，第 148 页。

⑤ 李鹏程：《当代文化哲学沉思》修订版，人民出版社 2008 年版，第 130 页。

⑥ 李鹏程：《当代文化哲学沉思》修订版，人民出版社 2008 年版，第 128 页。

⑦ 李鹏程：《当代文化哲学沉思》修订版，人民出版社 2008 年版，第 185 页。

规则为形态是文化世界形成与优化的基础。① 人类社会从无序到有序很大程度归功于人们对文化世界的规则建构。人在秩序性差以及"混乱"的状态中所做的诸多"建构"工作是文化现实性的表现。② 规则关系与交往关系及过程关系均有内在联系，从"规则"入手分析，对探讨人交往文化的社会关系形式有重要意义。③ 对人类文化活动的把握需要从这些基本的文化要素及其相互关系入手。

（四）文化系统论

人类的文化活动是有机的整体，绝大部分重要的文化活动均具有系统的形态。由于文化系统及人类发展整体性的存在，人类的各种文化活动在某种意义上具有关联性。科学、宗教、艺术和语言等均是人解放自身历程的不同阶段，且这些反映了人类不同类型但却相辅相成的力量和功能。④ 当人们审视任何一种文化活动时，需要立足于整体性系统的角度进行审视，人类文化活动的整体功能在其系统中得以体现。文化系统的整体功能发挥以及在系统中的方面、部分与要素间的有机结合是其整体性的重要体现。⑤ 将文化活动视为文化系统的组成部分，可以洞察文化活动的更多特性。

文化系统具有独特的属性。相较于自然界系统而言，文化系统具有软系统属性，其划分仅是相对性的。⑥ 在分析文化系统时需注意其与物质系统的共同点和差异之处。文化系统是具有层次镶嵌的多维度组成的系统。⑦ 文化系统具有一定层次性，不同层次的文化系统组合构成文化系统的整体功能。在文化系统中，不同层次要素有机联系而实现的整体属性及功能大于独立个体的功能叠加。⑧ 人类所生活的世界作为最大的文化系统也具有这种层级联系的特点。人类所生存的文化世界是有机联系的整

---

① 李鹏程：《当代文化哲学沉思》修订版，人民出版社 2008 年版，第 166 页。
② 李鹏程：《当代文化哲学沉思》修订版，人民出版社 2008 年版，第 169 页。
③ 李鹏程：《当代文化哲学沉思》修订版，人民出版社 2008 年版，第 141 页。
④ ［德］卡西尔：《人论：人类文化哲学导引》，甘阳译，上海译文出版社 2013 年版，第 389 页。
⑤ 周晓阳、张多来：《现代文化哲学》，湖南大学出版社 2004 年版，第 102 页。
⑥ 苗东升：《文化系统论要略——兼谈文化复杂性》，《系统科学学报》2012 年第 4 期。
⑦ 苗东升：《文化系统论要略——兼谈文化复杂性》，《系统科学学报》2012 年第 4 期。
⑧ 杨善民、韩锋：《文化哲学》，山东大学出版社 2002 年版，第 104 页。

体性存在，揭示出了世界的整体性文化图景。① 人类在这个整体的文化系统中生活可获得超越孤立个体实践功能的发展性。

在分析文化系统的基本结构和特点之后，尤为重要的是要对文化系统在共时存在以及历时进化过程中所展现出的关键属性进行讨论。开放性、动态性和整体性等是文化系统所共有的特点。② 文化系统是开放性系统，使得文化系统的交流融合及发展具有可能性。此外，文化系统还具有动态性的特点。文化是动态性的存在，发展方向性、变化性、连续性和过程性等时间维度的属性是文化的重要属性。③ 由于文化是动态性的存在，文化系统也必然具备动态性的特点。文化系统的动态性主要体现在现实动态性和历史动态性上。④ 不可否认的是文化系统在历史进化中不断获得新的发展。同时，还需要注意到共时状态下的文化系统横向交流的作用。横向交流是文化系统现实动态性的体现，⑤ 不同的文化系统相互交流是文化系统持续进化的基础。这种横向交流促进了文化系统的发展，在人类社会进步中扮演重要角色。

二　文化哲学观照深度学习适切性

著名的哲学家罗蒂（Rorty，R.）在解释其经典著作《哲学和自然之镜》的标题时曾经指出，"决定着我们大部分哲学信念的是图画而非命题，是隐喻而非陈述"⑥。对于文化哲学理论亦是如此，文化哲学在某种程度上描绘了文化图景并阐释了文化的隐喻。卡西尔自认为他的哲学是"文化哲学的批判唯心论"⑦。文化哲学首先是具有认识方法论意义的哲学理论，它使得人们在思考普遍性人类文化问题时具有批判性及理想性。由于文化哲学方法论对人与文化关系的深层次问题具有极强解释力，将

---

① 邹广文：《关注整体性：文化哲学的重要问题》，《河北学刊》2007年第2期。

② 杨善民、韩锋：《文化哲学》，山东大学出版社2002年版，第104—105页。

③ 李鹏程：《当代文化哲学沉思》，人民出版社1994年版，第335页。

④ 周晓阳、张多来：《现代文化哲学》，湖南大学出版社2004年版，第109页。

⑤ 周晓阳、张多来：《现代文化哲学》，湖南大学出版社2004年版，第109页。

⑥ ［美］罗蒂：《哲学和自然之镜》，李幼蒸译，生活·读书·新知三联书店1987年版，第8—9页。

⑦ ［德］卡西尔：《人论：人类文化哲学导引》，甘阳译，上海译文出版社2013年版，第14页。

其应用于广义人类深度学习问题讨论上，使得对这些问题的认识具有文化的大境界与大局观。秉持文化哲学方法论对人类深度学习进行审视，就能发现它是与人的生命优化及文化紧密联系在一起并指引着人们在深度学习理论建构与实践中探索方向。

文化哲学基本理论对解释具体问题也具有足够的洞悉力。从上面对文化哲学的基本逻辑要义归纳整理可以发现，文化本质论、文化价值论和文化活动论为人们提供洞悉文化活动及现象的有力理论框架。深度学习无疑是一种特殊的文化活动。从文化哲学的理论视域出发对人类深度学习问题进行探讨，既有观照课堂教学中的深度学习实践的效果，又有跳出课堂教学中的深度学习，走向更广阔的人类社会及文化世界中人类深度学习的建构。从现有深度学习研究与实践的问题出发，借助文化哲学的理论工具，可对深度学习理论进行清理，并对深度学习已有认识从多学科多层次进行系统整合，建构出具有创新性及合理性的深度学习理论。

已有文化哲学理论基础提供了对人类普遍性文化活动的解释及分析框架，是对人类文化活动普遍性规律的总结，对人们认识人类文化活动具有导向与指引意义。深度学习是特殊的文化活动，文化哲学应用于分析深度学习具有适切性。整体而言，深度学习理论和文化哲学理论作为本研究的两大理论基石，构成了"底层—上层"相互嵌套的理论结构框架。文化哲学理论作为核心方法论及普遍性人与文化理论认识的"底层"，支撑着有关深度学习具体理论认识的"上层"。本研究对这两种理论在逻辑融洽的前提下进行创新建构，力求得出具有整体性及文化性的广义人类深度学习基础理论。

第 三 章

深度学习的文化本质论

"人的创造性活动如何，人性的面貌也就如何。"[①] 这从文化创造角度揭示了人的本性。深度学习是人类高级创造性活动的象征，充分体现人之所以为人的本性。从这个角度出发，人类深度学习不仅是学生追求对知识掌握的深度而达到学习成果的高表现，也不仅是学习过程的高阶思维形成和迁移，它作为人创造性文化活动的一种特殊形式，是人类存在并优化自身的活动。"学习和思考总是处于一种文化背景中，总是依赖于对文化资源的利用"[②]。人类深度学习不仅处于文化背景中，还对文化资源进行利用，其本身就是一种文化活动。具体到课堂教学上，学校中的文化在促进教学中具有中心性和系统性的地位，"课堂教师努力地建构一种操作性的文化定义以揭示文化在认知和学习中的深层意义"[③]。当教学者充分认识文化对于课堂教学的深层意义时，有效的教学则更有可能发生。根据文化调解原则（the principle of cultural mediation），课堂教学中存在着文化中介（culturally mediated instruction）、文化适应（cultural accommodation）和文化陷入（cultural immersion）三种不同类型，分别代表着文化对教育教学影响的三种不同形式。[④] 这说明在教育教学中文化具有重要意义。从学生学习角度出发，文化亦具有举足轻重的作用，学生

---

① ［德］卡西尔：《人论：人类文化哲学导引》，甘阳译，上海译文出版社 2013 年版，第 9 页。

② Bruner J. S. , *The culture of education*, Cambridge：Harvard University Press, 1996, p. 4.

③ Hollins E. R. , *Culture in school learning：revealing the deep meaning*, New York：Routledge, 2015, p. xi.

④ Hollins E. R. , *Culture in school learning：revealing the deep meaning*, New York：Routledge, 2015, p. xiv.

个体经验与人类历史文化联系可通过深度学习发生。① 这些为人类学习理论认识提供了深度学习具有文化本质的线索，提示文化在人类深度学习中发挥着根本性作用。

第一节 深度学习的文化回归呼唤

深度学习作为人类文化的一种特殊形式，在文化哲学视角下对其考察，可以发现深度学习包含了人类文化的交流、构建、继承与传播过程，是具有文化本质的活动过程。已有研究提示了深度学习文化本质的线索，与此同时也倡导深度学习的文化回归。

一 文化回归是人类深度学习的内在要求

通过能动性的创造活动，人的本质与文化的本质得以合为一体。② 人类深度学习正是此种能动性的创造活动，在此过程中人的学习生命与整体生命持续得到优化，是具有文化意向的活动。从文化视域来对深度学习观照，文化品格凸显其中，主要体现在三个维度上。

一是人的文化本质要求。人是文化的动物，与文化融合是人生存、发展及追求完满的必由之路。学习是人与文化融合的重要中介，亦是文化的重要组成，"人—学习—文化"三者是密不可分的存在。深度学习是人类高级的学习活动，成为人生命存在及优化的关键活动，可以更有效且深入地使得人与文化持续地融为一体，从而彰显其在人与文化融合中的重要作用。在此过程中，深度学习也和人与文化整合同一，三者成为有机的文化连续体。

二是文化的持续发展需求。人类文化是不断发展及进化的过程，需要人们持续不断地进行传承、交流与创造，才能永葆文化的活力。深度学习作为人发展自身并改造文化世界的重要活动，在推动文化的持续发展中扮演重要角色。它一方面促进了人对文化的理解与融合，另一方面在交互、迁移和创造的过程中使得文化有新的发展空间。为此，人类的

---

① 郭华：《深度学习及其意义》，《课程·教材·教法》2016年第11期。
② 李鹏程：《当代文化哲学沉思》修订版，人民出版社2008年版，第11页。

深度学习是文化持续性发展的重要保障，当人类有意识地推动文化发展时，必然会引发深度学习的过程，从而使得深度学习与文化发展紧密联系在一起。

三是深度学习具有与生俱来的文化品格。深度学习存在的意义在于促进人对文化内容的深度理解，对文化世界深度体验以及在文化情境中迁移和创造，其指向的是人学习生命及整体生命的优化。它的过程和目的指向均具有文化特性，从这个角度看，深度学习离不开文化而存在。当深度学习脱离了文化，那就缺乏存在、发展与完满化的根基。深度学习的真实发生在于文化意义的生成，文化意义的设定使任何场景中的人类深度学习应具备文化的品格，从而使得文化贯穿在人类深度学习持存的过程中。融合文化的深度学习通过自组织、自生长与自演进的形式使其具有更高的文化境界。

二　文化回归是深度学习局限的超越路径

一方面，从文化哲学的立场审视深度学习，其文化回归的内在逻辑指明超越深度学习认识迷误的路径。深度学习的文化回归意味着人们强化自身的文化境界意识，通过文化境界的提升去达至深度学习研究与实践探索的融汇贯通。对于研究者和教育改革者而言，突破单向度视角，基于文化的立场从整体性把握深度学习具有重要意义。拥有文化境界的深度学习研究和实践自然生发出整体视角的认识，有利于消除深度学习认识中的矛盾与误区。对于学习者而言，文化回归也促使其超越参数化、技术化和功利化的深度学习模式，立足于生命和文化的立场，拥有生命发展与人文情怀的文化自觉。

另一方面，深度学习的文化回归指向文化本质的揭示。深度学习认识的迷误，很大程度上是源于人们对文化本质的认识不到位。在此情况下，人、深度学习和文化三者之间的内在关系被人为割裂，失去整合的可能性。深度学习的文化回归促使人们从深度学习的结构与活动等方面全面审视其文化本质，让人们能够从文化的维度重新把握深度学习。当代深度学习探究中的局限很大程度上是深度学习的文化脱离与对文化问题处理不当所造成的。深度学习研究的分歧源于不同学科研究范式及不同学者研究立场不一，缺乏对人的生命观照与文化关怀的深度学习整体立场。这些分歧只有上升到文化整体的高度才能克服"单向度"研究范式及研究立场，以包容性的文化立场去洞察深度学习意义与发生机理。不同国家不同群体的文化观念差异也体现在深度学习实践中，亟需回到文化理解、尊重及交互的维度上，以"和合""万物一体"及"美美与共"等文化理念消解深度学习实践中的认识矛盾。深度学习认识中的"三个脱离"与人的生命及文化等方面息息相关，需要从文化角度对深度学习进行重新把握。深度学习认识中"三个偏误"的破解离不开文化立场的整体视域，从而使得深度学习具有整体观和全视角观。深度学习中价值悖论亦关乎文化的问题。由此可见，消除深度学习的认识局限需要人们回归到文化立场，寻找深度学习局限的超越之道。简言之，文化回归是深度学习认识迷误的关键超越路径，亦指向进一步探索文化本质。

三 文化回归是智能时代深度学习的趋向

人类深度学习的文化回归既是人生命存在及其活动的本质要求，也是与动物学习和机器学习区别开来的本质特征。在智能技术越往前发展的智能时代，深度学习回归文化的意义就愈显宝贵。从智能时代发展趋势来看，回归深度学习的文化立场对于增进人类深度学习的价值及优势有重要意义。

（一）智能时代教学中深度学习的促进需要

人类长时段的进化历程，先后经历了几种不同的社会文化形态，目前即将迈入智能文化时代。智能时代的发展实质上是人类文化进步的体现，在这种背景下的人类深度学习将增加不少蕴含智能形态的文化元素。类似语义图示促进深度学习的智能教育工具将越来越常见。[①] 这些智能化技术所构筑起的新型课堂教学场景实质上是蕴含智能文化的新体系。它是对传统存在诸多技术障碍的深度学习的重大优化，将智能文化元素整合进传统深度学习文化框架中起到优化人学习生命及整体生命的文化作用。然而，在智能时代中可能存在文化符号和文化内涵等方面的文化变

---

① 顾小清、冯园园、胡思畅：《超越碎片化学习：语义图示与深度学习》，《中国电化教育》2015 年第 3 期。

异。① 为此，需要教学者结合深度学习的教育目的进行文化调适与改造，以使智能文化和教育文化在课堂场域中达到融合同一。智能时代课堂教学将面临新的文化形态，智慧教育管理、智慧学习方式和智慧学习环境的智慧教育是未来的教育形态。② 在智慧教学环境中，深度学习实践的文化特性更为关键。尽管智能技术在促进学生深度学习方面有优异表现，但师生交流和生生互动等文化交往活动更应受到重视。智能技术可以替代教师的知识传递智能，但无法代替师生之间的言语交流、思想交互和情感交融。这将是智能时代课堂教学中需要注重文化回归的方面。

随着机器学习技术的发展，部分科研机构或科技公司围绕国内高考展开相关高考机器人研制，目前已经取得不错成绩。③ 从这个角度来看，智能机器已经在当前关键的教育评价体系中取得较好表现，也让人反思当前学习评价体系存在的问题。目前，国内正规教育体系内的学习评价价值取向依然是"以分为本"。④ 在智能机器快速发展的情况下，此种"有分无人"的学习评价模式日益受到质疑。标准化测试主要关注基本技能及浅层学习，通过表现性评价更有利于引导学生进行深度学习。⑤ 深度学习所指向的批判思维、人际交往能力和自我发展能力在标准化测试中难以体现。学习评价是渗透文化价值选择与导向的过程，未来的学习评价需要对深度学习作出文化回应。在智能机器的冲击与指向深度学习的教育改革实践背景下，需对正规的学习评价模式进行改革，以使得学习评价模式能构成适合具有文化本质的深度学习发展的文化土壤。

智能时代课堂教学中的深度学习和相关评价回归文化尤为重要。文化与学生个人品质之间的构成性运动是所有教育发生的基础。⑥ 学生的深度学习必然在特定文化场域中发生。即使是在智能时代，学生也要通过

① 孙杰远：《智能化时代的文化变异与教育应对》，《现代远程教育研究》2019 年第 4 期。

② 曹培杰：《智慧教育：人工智能时代的教育变革》，《教育研究》2018 年第 8 期。

③ 郑宏飞：《高考机器人中的人工智能技术分析》，《科技传播》2019 年第 6 期。

④ 王中男：《价值分析："以分为本"的学习评价价值观》，《上海师范大学学报》（哲学社会科学版）2016 年第 6 期。

⑤ 周文叶、陈铭洲：《指向深度学习的表现性评价——访斯坦福大学评价、学习与公平中心主任 Ray Pecheone 教授》，《全球教育展望》2017 年第 7 期。

⑥ 宁虹、赖力敏：《"人工智能 + 教育"：居间的构成性存在》，《教育研究》2019 年第 6 期。

与文化进行交互、建构、创生而发展自身的文化和智能技术素养。为此，智能时代课堂教学中的深度学习与相应评价方式更需凸显文化性。智能时代的学生深度学习需具有与文化世界深度交互的能力和倾向，在复杂的时代环境下能够灵活地运用文化质料应对时代的挑战。与之相关的评价方式也需要充盈"以人为本"的文化色彩，使学习评价模式能促进具有"人化"属性的深度学习发生。文化基础是指把人与世界的关系作为人生存的基本方式。① 智能时代课堂教学中的深度学习实践改革所面向的依然是人学习生命的发展，指向人整体生命的发展和人类文化传承与创新等文化目的，涉及人和世界的关系内容，始终呼唤着深度学习回归文化。

（二）智能时代学习者终身深度学习的需要

"机器换人"的就业趋势在智能时代日益凸显。金融、制造业等行业短期内就会加速此种趋势，而教育和医疗等行业在强智能阶段亦会有所变革。② 在此背景下，教育系统中的学习方式亟须改革。学生需有更高阶学习方式，更新学习内容，增强自身学习力和创造力。然而，短期内学生的学习能力、学习方式与学习风格难以转变。正规教育系统需进行整体性变革，在学生的长周期学习过程中提升学习能力及学习水平。其中，深度学习是具有巨大发展潜力的学习方式。部分西方发达国家政府部门已发现，通过深度学习可以发展在未来工作及生活中取得成功的技能。③通过系统性的深度教学改革可以逐步推动学习者培育深度学习习惯，进而提升学生学习力、创造力和就业力。智能时代背景下非程序性技能的需求将日益上升，④ 这种非程序性技能恰好与深度学习所强调在复杂问题情境中迁移能力密切相关。可见，深度学习在应对智能机器对未来就业的冲击方面具有独特优势。智能产业革命下的学习者需要通过深度学习不断提升高阶技能和能力，而教育者需通过对教育系统文化的重新设计

---

① 李鹏程：《当代文化哲学沉思》修订版，人民出版社 2008 年版，第 58 页。

② 何勤：《人工智能与就业变革》，《中国劳动关系学院学报》2019 年第 3 期。

③ 孙妍妍、祝智庭：《以深度学习培养 21 世纪技能——美国〈为了生活和工作的学习：在 21 世纪发展可迁移的知识与技能〉的启示》，《现代远程教育研究》2018 年第 3 期。

④ 袁玉芝、杜育红：《人工智能对技能需求的影响及其对教育供给的启示——基于程序性假设的实证研究》，《教育研究》2019 年第 2 期。

以建构适宜学习者终身深度学习的文化氛围。

智能技术对人们的终身深度学习有极大推动力。深度融合智能技术与终身教育的智慧教育形式或将成为智能时代人整体生命中深度学习的重要载体。可通过智慧教师、文化智慧和智慧学习环境等形式驱动人类深度学习。① 当人们有意识地参与到非正规的智慧教育环境中时，其深度学习的要求能得到较好的满足，为优化自身整体生命提供基础。在互联网时代背景下成人终身移动深度学习成为可能。② 在"智能＋"的赋能下将为人的终身深度学习提供更好的技术基础。此时人处于智能化复杂文化环境中，只有立足于文化立场才能真正将"人—智能技术—文化"整合于一体。

（三）智能时代人类优化整体生命存在的需要

智能时代和以往人类所处的时代相比，多了蕴含着特定文化意识的"智能物"。在此背景下，物理与文化相统一是智能时代人类本身的进化趋势。③ 为此，在智能时代人整体生命中的深度学习变得更加丰富且复杂起来。传统时代人整体生命中的深度学习主要依靠的是人类自身脑力进行，随着智能物的出现，人类可以通过"人机协同"的形式大大促进深度学习的效率和效果。这种人机协同的形式随着智能技术的发展而随之改变。当前主要是以"人机分离"的形式存在，但随着"脑—机接口"技术的发展，未来有可能发展成"人机合一"的形式。人机协同智能层级结构是未来时代发展趋势，该结构以人生命为核心。④ 但无论是何种"人机协同"的形式，它均是以人的文化身体为主体，都需要体现人通过智能技术手段优化自身生命存在的文化目的，需要与生命和文化关联。

不能忽视的是在文化现实中或人的观念中将"智能物"与人对立的倾向，这是任何一次重大科技革命或产业革命不可忽略的文化矛盾。上

---

① 祝智庭、彭红超：《深度学习：智慧教育的核心支柱》，《中国教育学刊》2017 年第5 期。

② 焦夏、张世波：《基于移动学习的成人深度学习模式研究》，《中国教育信息化》2012 年第 19 期。

③ 韩水法：《人工智能时代的人文主义》，《中国社会科学》2019 年第 6 期。

④ 朱永海、刘慧、李云文等：《智能教育时代下人机协同智能层级结构及教师职业形态新图景》，《电化教育研究》2019 年第 1 期。

述提到的"机器换人"的严峻就业形势，无疑是人在整体生命深度学习中遇到的文化矛盾。但如果得到妥善处理，这个尖锐的文化矛盾就有可能转变为"以机器运转时间替代人的劳动时间"。① 从这个角度出发，人们在整体生命深度学习中除了掌握驾驭智能技术的高阶技能外，还应该考虑剩余的劳动时间如何分配，从而过上有意义的生活，这将涉及到文化生活问题。

文化系统的整体同一是文化进步的体现。② 智能时代人们在整体生命深度学习中妥善处理好"人—机"关系是文化进步的表现。在智能时代中人们除了需要进行与时俱进的深度学习避免被智能机器全面超越之外，还需处理好"人—机—人"之间的关系。人际交往是深度学习的重要领域，但智能机器的出现使得"人—人"之间多了"人—机—人"关系，即在人类社会中因部分技术权贵过度掌握智能技术而导致内部的对立及矛盾。③ 替代小范围人群而赋能人类整体发展的文化两难问题将摆在智能时代的人类社会面前。此时，人类整体生命中的深度学习意义在于如何帮助人们应对这个新时代带来的系列挑战。对深度学习进行文化视域的深层思考有助于处理人与智能社会同一的关系。总之，智能时代中不同层次不同维度的深度学习实践均呼唤文化的回归，以促进智能时代人们学习生命和整体生命的优化。

第二节　深度学习的文化本质揭示

学习与文化存在密切的联系已被洞察，学习是人与文化整合的本体。④ 这对思考深度学习的文化存在有一定启发意义。从"人与文化的关系场"里分析人和文化的本质可发现课程的文化本质，⑤ 对课程文化本质

---

① 潘恩荣、阮凡、郭嘨：《人工智能"机器换人"问题重构——一种马克思主义哲学的解释与介入路径》，《浙江社会科学》2019 年第 5 期。

② 李鹏程：《当代文化哲学沉思》修订版，人民出版社 2008 年版，第 109 页。

③ 常晋芳：《智能时代的人—机—人关系——基于马克思主义哲学的思考》，《东南学术》2019 年第 2 期。

④ 曾文婕：《文化学习引论——学习文化的哲学考察与建构》，博士学位论文，华南师范大学，2007 年，第 43—67 页。

⑤ 黄甫全：《学习化课程刍论：文化哲学的观点》，《北京大学教育评论》2003 年第 4 期。

的认识启发人们从"人与文化的关系场"中把握深度学习的存在形式。为此，需要对人的本质和文化本质进行探寻，进而在人与文化的关系场上分析深度学习的存在。

一　人本质的洞察

深度学习是关于人的活动，为此首先要对人的本质进行思考，这是把握人类深度学习的关键出发点。对于人本质的认识古来有之，对人本质的思考进行追根溯源具有重要意义。继而，需总结文化哲学中有关人本质的论述，并分析它对于人本质认识的独特之处。

（一）不同学派中有关人本质的经典论述

有关于人本质的探寻，我国古代不少著名的思想家就进行过探讨，尽管尚未形成较为系统的学说，但也可以发现有关认识人本质的智慧。庄子言，"落马首，穿牛鼻，是谓人"①。从庄子的论述中可以发现，他已经洞察到人对自然改造的力量，能够能动地认识并改造自然。墨子从人劳动与生存的角度对人的本质进行分析，他认为"者生，不赖其力者不生"②。"赖其力"，即依靠人自身的劳动。在墨子的论述里，他将人的劳动作为人与动物区分开来的标志。该思想带有唯物主义的色彩，具有时代的先进性。荀子通过将人的特性和动植物及自然物进行对比的描述阐述了他有关人本质的观点，他认为"以其有辨也"③，即人可以对万物作出分辨和认识，荀子此处的"辨"主要是指礼仪制度。他进一步指出"人有气，有生，有知，亦有义"④，即是说，人的道义是将自身和其它动植物与物质区分开来的本质属性。荀子此处的"义"含义丰富，包含了典章制度、社会关系、行为规范和道德礼仪。可见，虽然他的思想有时代的局限性，但荀子有关人的本质定义已经包含人的社会组织、社会关系及其相应的社会规范等要素，只是尚未进行抽象归纳与系统概括。从上述几种我国古代思想家有关人本质的论述中可以发现，他们将人与动

---

① 庄周：《庄子》，王岩峻、吉云译注，山西古籍出版社 2003 年版，第 161 页。
② 罗炳良、胡喜云：《墨子解说》，华夏出版社 2007 年版，第 198 页。
③ 荀况：《荀子》，安继民译注，中州古籍出版社 2006 年版，第 52 页。
④ 荀况：《荀子》，安继民译注，中州古籍出版社 2006 年版，第 119 页。

植物进行对比描述，凸显人之所以为人的属性。并且他们已经洞察到社会关系、礼仪制度和劳动等方面是人与其它动物区分开来的关键标志。尽管在逻辑抽象方面存在时代局限，但这些有关人本质的论述蕴含着我国古代思想的智慧。

对于西方有关人本质深入思考的溯源要从苏格拉底开始。苏格拉底未对人的定义做出直接回答，但卡西尔将其有关人本质的思想做出了系统归纳，认为"人是一个对理性问题能够给予理性回答的存在物"①。从苏格拉底有关人本质的思想中可以发现，理性是他有关人本质思考的核心概念。此种理性在当时是指对自己的反思、对世界的批判及对道德的思考等，具有极强的时代穿透性，深刻影响着后来西方的文化发展。亚里士多德进一步发展了苏格拉底关于理性是人本质的认识，他认为"人的特殊功能是根据理性原则而具有理性的生活"②。亚里士多德对理性作了深入阐述，他认为追求真理的理性与实践理性尤为重要，其中实践中的理论理性是实践理性的主要组成。③ 从亚里士多德开始，人对世界一切事物的理性认识是人本质标志的观点广泛流传，这种思想对后续西方学者关于人的本质认识有深远影响。康德有关人的本质问题在某种程度上受亚里士多德的理性理论影响，他认为只能借助实践理性对其进行分析。④ 人的本质在黑格尔（Hegel，G. W. F.）的理解中与精神密切相关，他认为"精神是人之所以为人的本质"⑤。黑格尔此处的"精神"是指绝对精神，既包含了自由精神也包含了能动意识。黑格尔这种关于人的本质认识将人类精神上升到至高无上的地位，具有重要启发意义，但亦受到费尔巴哈（Feuerbach，L. A.）和马克思等人的批判。

马克思对于人本质的经典观点广为传播，他认为"人的本质不是单

---

① ［德］卡西尔：《人论：人类文化哲学导引》，甘阳译，上海译文出版社2013年版，第11页。

② 周辅成：《西方伦理学名著选辑：上卷》，商务印书馆1964年版，第280页。

③ 张永刚：《西方理性主义对马克思实践理性的影响——基于亚里士多德与康德的理性观》，《社会科学家》2013年第5期。

④ 梁慧：《康德关于人的本质述评》，《杭州大学学报》（哲学社会科学版）1995年第2期。

⑤ ［德］黑格尔：《历史哲学》，王造时译，生活·读书·新知三联书店1959年版，第56页。

个人固有的抽象物，在现实上它是一切社会关系的总和。"① 从这个观点出发，马克思将人的社会关系作为人本质的标志。此处的"总和"是包含人们在历史社会中共同进行创造性活动的意蕴。② 也即是说，马克思有关人本质的思考实质上包含了实践的含义。从整体上把握马克思的思想，其有关人本质理解中的核心概念是"意识""社会性"和"劳动"。③ 为此，从社会关系、实践与意识去把握马克思有关人的本质理解尤为关键。实践生成论是马克思有关人本质的整体理解。④ 由此可见，实践的观点是马克思有关人本质认识的重要概念。相较于传统的唯物主义者，马克思创造性地对人的实践活动进行阐发，在社会共同体关系中找到人的位置并突出了人的主体性。同时，马克思相对于唯心主义者，在意识的概念上既包含了社会历史特性，也包括了主体自我的认知。从而，马克思关于人的本质认识具有划时代的意义。

（二）文化哲学视角下人本质的主要观点

进入 20 世纪，文化哲学领域的学者们对于人本质的论述尤为深刻。文化哲学是关乎人与文化的哲学，对人的问题从文化哲学的高度进行整体把握。其中，被公认为是文化哲学"集大成者"的卡西尔，在系统反思西方有关人的本质思想后发现"关于人的理论失去了它的理智中心"⑤。不同流派的学者根据自身理解对人的概念作出自身解释，从而导致充满对立且缺乏连贯性。进而，他提出了有关人本质的经典论述，即人是符号的动物。⑥ 此处的符号与文化具有等同的含义，人在某种程度上是文化的动物。在卡西尔眼中，他认为探讨人的功能性定义更能揭示人的本性。

---

① ［德］马克思、［德］恩格斯：《马克思恩格斯全集》第 1 卷，中共中央马克思恩格斯列宁斯大林著作编译局译，人民出版社 2012 年版，第 135 页。

② 汪信砚、程通：《对马克思关于"人的本质"经典表述的考辨》，《哲学研究》2019 年第 6 期。

③ ［匈牙利］马尔库什：《马克思主义与人类学》，李斌玉、孙建茵译，黑龙江大学出版社 2011 年版，第 9—16 页。

④ 宋惠芳：《马克思关于人的本质的实践生成论及其意义》，《马克思主义研究》2019 年第 4 期。

⑤ ［德］卡西尔：《人论：人类文化哲学导引》，甘阳译，上海译文出版社 2013 年版，第 38 页。

⑥ ［德］卡西尔：《人论：人类文化哲学导引》，甘阳译，上海译文出版社 2013 年版，第 45 页。

因而，他提出"人性"的圆周由人类的活动体系所划定。① 卡西尔提出此概念，是对传统西方哲学界有关人的定义多数倾向于"理性的动物"的重大超越。这个重大的理论突破及后续的相关研究，也推动着文化哲学逐渐成为当代哲学中的"显学"。②

相较于其他"理性的人"以及"社会的人"等诸多关于人的论述，文化哲学视域下的人更加注重整体性视角。相较于其它学科视角而言，运用"文化—历史方法"是文化哲学的一大特色。③ 它并不排斥理性、社会关系和实践活动等要素，并尝试以包容姿态去将这些有关人的定义统一起来。它回应了长期以来的哲学辩论，建构了文化科学的知识架构。④ 从更深层次且更高的角度深化了对人的认识是文化哲学的重要建树，文化哲学的显著特点就是多角度多层次地洞察人的本质。⑤ 可见，文化哲学理论在审视人的本质方面具有独到之处。

在卡西尔提出"人是符号的动物"的命题后，文化哲学领域研究者们对这个核心命题进行持续地跟进探讨。相较于西方学界而言，这种探索潮流在我国学界尤为显著。例如，"文化是人的本质存在"⑥。该定义相较于卡西尔的提法，更明确指明了文化的意义。从该定义出发可发现，人类在自然世界和其它动植物生存及发展的最大区别在于人是具有文化的存在，可以充分体现在人的科学、艺术和语言等诸多领域，使得人拥有了文化本质与生命的自由。经过人类认识和改造的自然物也蕴含了独特的文化意义。

现代人的本质是一种文化的存在。⑦ 将文化与人的本质联系起来，乃至将文化作为人的本质，已经逐渐得到不少文化哲学研究者的共识。人

① ［德］卡西尔：《人论：人类文化哲学导引》，甘阳译，上海译文出版社 2013 年版，第115 页。

② 胡存之、郑广永：《从科学哲学到文化哲学——21 世纪哲学观的新变革》，《自然辩证法研究》2003 年第 2 期。

③ 何萍：《文化哲学 认识与评价》，武汉大学出版社 2010 年版，第 111 页。

④ Lofts S. G., "The logic of the cultural sciences: five studies", *Mathematical Medicine and Biology*, Vol. 21, No. 1, 2000.

⑤ 许苏民：《文化哲学》，上海人民出版社 1990 年版，第 13 页。

⑥ 胡长栓：《走向文化哲学》，黑龙江教育出版社 2008 年版，第 46 页。

⑦ 邹广文：《文化哲学的当代视野》，山东大学出版社 1994 年版，第 227 页。

在文化实践中实现自己，文化亦成为了人生活及生存的形式。文化对于人的特性而言，随着文化的进步扮演着越来越重要的作用。人们在时代中不断创造属于人的文化，也呈现出文化觉醒的状态。可以说，人的文化本质凸显已经被文化哲学研究者洞察并加以反省。

从马克思思想中挖掘文化哲学的思想，是近年来国内文化哲学发展的一个重要趋势。从马克思主义哲学出发，可以发现人的本质是以实践为基础的全部社会关系总和。① 从广义的文化哲学视角来看，马克思的诸多思想关涉人的主体性思考，实质上与文化哲学的致思逻辑具有相通之处。优化并肯定人的本质的主体文化理论是马克思思想的组成部分。② 为此，不少学者重视从马克思的思想中提炼文化哲学理念，其有关人本质的理念也从文化哲学视角进行重新解读。将符号、创造力和活动等要素合为一体，可作为对人的主体性认识。③ 单一的符号要素并不能表征人的全部特性，将符号、创造力和活动三者联系在一起能够更清晰地揭示人的本质。这些有关人本质的认识进一步揭示了文化对于人存在的意义，还从文化的核心维度对人的本质进行揭示，使得人的本质定义更加全面与系统。

（三）文化哲学视角对人本质的独特认识

文化哲学理论最初系统地提出是人类进入 20 世纪后的一二十年，该时期人类的文明在经历长时间工业时代后已经达到空前高度。史上有关人的本质探索已拥有长达两千多年的历程，但站在这个时代节点回望并梳理有关人的本质，自然具有一种文化的高度。在当代国内外学者与时俱进的研究推动下，从文化哲学视角出发对人的本质认识更具有科学性和适切性。

文化哲学的视角下对人的本质认识既有传承性，也有超越性。至今为止，对于文化哲学视域下人的本质认识，逐渐达成了"人是文化的动物"和"人是文化的存在"的共识，这是对"人是理性的动物"与"人是社会的动物"等学说的重要超越。透过文化的视角可以清晰地揭示出

---

① 周晓阳、张多来：《现代文化哲学》，湖南大学出版社 2004 年版，第 41 页。

② 邹广文：《马克思文化哲学思想的展开逻辑》，《求是学刊》2010 年第 1 期。

③ 何萍：《文化哲学 认识与评价》，武汉大学出版社 2010 年版，第 129 页。

"人之所以为人"的本质属性。正因为有文化的存在，人才得以生存并优化，人类社会才能不断得到发展。从这个角度来看，这不仅是对人本质的深刻认识，也是对人类社会发展的根本洞察。

文化哲学理论将文化的存在与社会的存在和历史的存在紧密结合在一起，使得对人的本质认识有开阔与全面的视野。与其它有关人的本质认识学说相比，文化哲学视域下有关人的本质分析具有全面性。文化哲学视域下对人的本质分析并非局限于文化的立场，它从科学、艺术和宗教等多个学科立场对人的本质进行认识，认为这些均是构成认识"人性"圆周的组成部分。它既关注整体的文化结构也关注人们内部的文化意向。文化哲学视域下人本质的认识具有一种方法论的意蕴，其对文化世界中的人进行功能性分析使人们对人的认识不再局限于对"人的本原"存在作终极探索，而是将目光转向人的存在是怎么样的思路。

文化哲学视域有关人的本性认识充分意识到了人的主观能动性。人之所以为人正是靠能动性的创造性活动。① 此种对人的创造性活动认识，自然地揭示出文化发生的机理。它使得人们认识到人存在的本质力量，由这种主观能动性延展开去，可以将人与活动、创造力及符号等要素整合在一起，构成了人生活的原始形态。从历史的视角对人的主观能动性进行考察，可以解释社会演进的动力和现象，使得人性的广度与深度得以展示。

在文化哲学视域下有关人的本质认识更具有发展性。文化哲学将人与文化紧密地联系在一起，而文化是不断发展着的存在，这意味着人亦是不断发展着的存在。从文化多线演进的角度去洞察人的发展，可以解释不同的社会人发展的形态存在的共性和差异，使得人们能够站在文化的视角对人类社会的丰富性、复杂性及矛盾性有更深入的认识。它既考虑到人类的理性精神，亦承认人类生来具有的感性与非理性意识，将这些文化意识统合于人的生命发展进行考虑，使得人的生命呈现主动追求持存与完满化的发展意向。它还对人类生活中所遇到的精神困惑作出指引，即回到文化妥善解决精神上的困惑。

---

① ［德］卡西尔：《人论：人类文化哲学导引》，甘阳译，上海译文出版社 2013 年版，第11 页。

当然，文化哲学视域下有关人类的认识也有局限性。尽管卡西尔等人力求系统地回顾近两千年人类关于自我认识的问题，但却并没有谈及中国古代有关人本质的认识。从上述分析可以发现，中国古代思想家中蕴含不少有关人本质认识的智慧，而且所涉及到的人本质的论述与后来人们所探讨的社会关系、文化规则和社会实践均有联系，仅是限于当时的思想水平而尚未将其系统地归纳梳理成理论体系。西方部分学者限于"西方中心"观念或语言交流障碍，难以将中国优秀的文化哲学思想融贯起来，实在是不小的局限。但近年来在我国学者融贯中西文化哲学的努力下，这种现象大有改观。

二 文化本质的探寻

对于文化这个内涵丰富的概念，人们有多种不同的认识。选择其中较为典型的文化本质进行梳理，有利于系统把握有关文化本质的认识。然后，对文化哲学视域下的文化本质进行归纳总结，并分析其相较于其它学派而言在文化本质认识上的独特之处。

（一）不同学派中对于文化本质的经典论述

有关文化本质的认识和对于文化的定义一样，都是相当丰富且多样化的，可以说几乎每一位学者自身对文化都有独到的理解，因此其所给出的定义和本质认识就有所不同。对一百多个文化定义系统回顾，发现存在结构性、规范性、历史性和描述性几大类型的文化定义，但总体上说均是人类学家给出的定义。[①] 而人类学家对文化的理解多是从某个社会与其它社会区别的物质、行为和思想形态入手进行把握。社会学研究者对文化的理解与其有显著的不同。[②] 可见，对文化定义及其本质的认识存在多种多样的解读。为此，只能选取部分影响力较大的文化本质认识来进行归纳梳理以整体把握文化的本质。

"文化"一词在我国古代就开始出现，但古代的"文化"概念和本质与现代的文化概念有着较大差异。《周易正义》所记载的"观乎'人

---

① Kroeber A. L. , Kluckhohn C. *Culture: a critical review of concepts and definitions*, Cambridge: The Museum, 1952, p. 62 – 63.

② 何平：《中国和西方思想中的"文化"概念》，《史学理论研究》1999 年第 2 期。

文'，以化成天下"，① 可认为是我国古代较早"文化"一词的起源。这里的"人文"是指《乐》《礼》《书》等经典书籍中的思想文化及社会秩序，而"化成天下"指的是通过这些思想文化和社会秩序去教化民众。② 将"文"与"化"合为"文化"，即是指用文化思想去教化社会民众，此处的"文化"和"武力威胁"相对应。这种政治观念与我国古代社会的社会现实也是符合的，封建统治者需通过意识观念、思想及秩序等去统治民众。在《说苑》中有"文化不改，然后加诛"的论述，此处的文化被定义为"文治教化"。③ 也就是说，对于古代统治者管理国家而言，他们需要通过礼乐文治等去教化民众。在我国古代，"文化"概念和"教化"概念相当接近。④ 因此，需要注意到我国古代"文化"概念中以文化人的本质含义。

在西方学者中，对文化本质的经典解读可追溯到泰勒，他认为文明或文化在广义上是指包括习俗、法律、道德、信仰、知识、艺术，以及人们作为社会成员所获得的一切习惯和能力复合的整体。⑤ 泰勒将人类所涉及的各种文明文化形态和人所拥有的能力与文化意向均包括在文化的定义中，反映出他对文化本质的理解，即通过对人类的整体文化进行系统概括来把握文化的本质。他对文化本质的认识受到克莱姆的深刻影响。⑥ 泰勒对文化本质的认识也部分沿续了前人的提法并附加自身理解，最终提出了这个经典的文化概念。

被认为首个在西方哲学高度上提出文化定义的是康德。⑦ 康德认为文化是理性存在者自由地提出任何目的的能力。⑧ 也就是说，康德将人提出

① 刘玉建：《〈周易正义〉导读》，齐鲁书社2005年版，第207页。
② 周德海：《对文化概念的几点思考》，《巢湖学院学报》2003年第5期。
③ 刘向：《说苑全译》，王瑛、王天海译注，贵州人民出版社1992年版，第650页。
④ 朱汉民：《中国古代"文化"概念的"软实力"内涵》，《湖南大学学报》（社会科学版）2010年第1期。
⑤ Tylor E. B., *Primitive culture*, London: John Murray, 1871, p.1.
⑥ 萧俊明：《文化的误读——泰勒文化概念和文化科学的重新解读》，《国外社会科学》2012年第3期。
⑦ 魏俊雄、龚平：《康德的文化思想及其历史影响》，《西南民族大学学报》（人文社会科学版）2012年第6期。
⑧ ［德］康德：《判断力批判》，邓晓芒译，人民出版社2002年版，第287页。

任何不依靠自然活动的能力作为文化的本质。可见，康德对文化本质的认识是唯心主义的，康德对文化本质的认识离奇之处在于人可以不依靠自然来确定自己的目的。① 事实上，脱离自然而提出任何目的的能力是难以实现的，康德在此处主要是想突出人的社会价值。康德进一步区分了两种文化，一种是可以摆脱自然束缚的"教育文化"，另一种则是自然赋予人实现目的的"技能文化"。② 康德对文化本质认识的先进之处在于他将文化和人密切联系起来，将"理性存在者"放置于文化本质的核心位置。他这种思想尽管有局限，但对后来新康德学派的文化哲学理论体系的提出有重要的启发作用。

马克思在其著作中对文化的概念多处使用，他对文化本质的把握可以从这些论述中进行挖掘。马克思的文化概念与人的劳作密切相关，他认为不劳动的人的文化将靠他人的劳动获得。③ 从这个论述侧面反映了在马克思眼中劳动对文化产生的重要性。从马克思的相关著作中可以发现，马克思对文化的理解可归纳为以人的本质的对象为实质，以人化为基础。文化是人从改造自然的劳动对象化中产生。④ 这反映出马克思对文化本质的理解是从广泛意义上进行把握，涉及到与人相关的制度、精神及物质等维度的文化，"人化"的色彩相当显著。同时，人的劳动成为马克思对文化本质认识的核心要素。

（二）文化哲学视角下文化本质的主要观点

首个提出正式文化哲学概念的学者文德尔班对文化本质认识侧重于人在文化中的价值创造活动，这在很大程度上源于他着力推动有效且普遍的文化价值标准建构。⑤ 他认识到人在文化中的创造性活动，但其重心倾向于文化的价值准则而非人生活的全部。需要注意的是，在此之前

---

① ［苏］凯勒：《文化的本质与历程》，陈文江、吴骏远等译，浙江人民出版社1989年版，第8页。

② ［德］康德：《判断力批判》，邓晓芒译，人民出版社2002年版，第286—290页。

③ 马克思、恩格斯：《马克思恩格斯全集》第3卷，中共中央马克思恩格斯列宁斯大林著作编译局译，人民出版社2012年版，第6页。

④ 王仲士：《马克思的文化概念》，《清华大学学报》（哲学社会科学版）1997年第1期。

⑤ 周可真：《构建普遍有效的文化价值标准——对文化哲学的首倡者文德尔班的文化哲学概念的解读》，《苏州大学学报》（哲学社会科学版）2011年第3期。

"文化是活动"的本质已经被马林诺夫斯基（Malinowski，B. K.）阐释，①马林诺夫斯基作出该论述是基于其长期对文化的分析。作为文化人类学家，他从文化的功能角度阐释了文化的活动功能。在马林诺夫斯基那里，他的文化观已经呈现出整体性的特征，已经相当接近文化哲学的理论立场。② 这为后来文化哲学学者的理论发展提供基础。

人类关于文化本质的认识到了卡西尔处有了新的突破，卡西尔在将人的本质看作符号的动物的基础上进一步提出，人类文化的全部发展均需依赖符号化的行为和符号化的思维，这些也是人类生活中最富有代表性的特征。③ 从而，卡西尔将文化与符号和人类三者紧密地联系起来。"人—符号—文化"在卡西尔的文化哲学中已经融为一体。④ 在卡西尔眼中，文化的本质既是人化也是符号。他创造性地将文化的本质和人的全部生活及其创造性的活动联系起来，使得文化哲学成为人的哲学也成为了符号形式的哲学。

卡西尔开创了文化哲学视角下对文化本质认识的先河，国内不少文化哲学研究者在其基础上进行了延展和丰富。许苏民教授从处理人类心灵深处永恒矛盾方式，以及人处理其与客观世界的多重现实对象性关系来把握文化的本质。⑤ 在这个理解中，包含多个有内在关联的领域，如"自然的人化"和"人化的自然"等。这些观点对文化的本质作出了与文化人类学所不同的综合性阐释，也与当时流行的文化广义狭义论作了区分。李鹏程研究员站在文化哲学的立场，从文化世界本体存在的角度出发，将文化与人之间的关系深入论述，并具体指出文化是人以其生命存在意向性为基础创造性改造世界的劳作过程，是人自我组织与生长的过程。⑥ 这一系列观点对文化本质进行了深刻揭示，相较于卡西尔对文化本

---

① 洪晓楠：《文化哲学思潮简论》，上海三联书店 2000 年版，第 8 页。

② 武立波：《制度：文化研究的重要维度》，博士学位论文，黑龙江大学，2017 年，第157—160 页。

③ ［德］卡西尔：《人论：人类文化哲学导引》，甘阳译，上海译文出版社 2013 年版，第46 页。

④ ［德］卡西尔：《人论：人类文化哲学导引》，甘阳译，上海译文出版社 2013 年版，第12 页。

⑤ 许苏民：《文化哲学》，上海人民出版社 1990 年版，第 43 页。

⑥ 李鹏程：《当代文化哲学沉思》修订版，人民出版社 2008 年版，第40—41 页。

质的认识更进一步，使得文化与人的生命发展及其活动密切联系起来。在文化世界中的文化存在是人生命存在的体现，人生命的活动也是创造文化的过程。

衣俊卿教授认为文化的最本质规定即其人本规定性。[①] 文化是人超越自然的体现，也是人创造的体现。从这个视角出发来看，文化与人化实质上有等同的概念。邹广文教授直接指出，"文化的本质是人化"[②]。他从人的文化实践活动出发分析了文化追求起源于人的自我发展需求，在此过程中，文化造就了人，人也塑造了文化。这些观点是对前人有关文化的本质作出更明确的论述，将文化与人的关系更清楚地揭示出来，使得人与文化整合同一。同时，也道明了人的文化实践活动与文化意向对于文化发展的重要意义。陈树林教授指出，文化哲学中的文化是包括人类生存中积淀下来或不自觉制约社会发展及人生存发展的机理、社会运行机制、生存方式和精神活动的意识形态等。[③] 此种观点受到马克思哲学思想的启发，这也是国内现代文化哲学发展的重要方向之一。

（三）文化哲学视角对文化本质的独特认识

相较于古代学者对于文化本质的认识，文化哲学对文化本质的认识本身具有时代发展的优势，它是站在人类文明发展到工业文明时代和知识时代的时代节点上，对文化本质进行系统的思考，具有时代的高度，蕴含时代的精神。从上述对文化哲学下文化的本质梳理可以发现，它对文化的认识回归到人的身上，也回归到文化的本体，认识文化即是认识人，它推动了哲学从主体论向文化论转向。[④] 以文化本质问题为起点，文化哲学解决了诸多学派无法阐明的意义建构和符号生产等问题。文化哲学理论揭示了创造性的活动作为重要的中介，将文化的发生过程和人类存在与发展过程联系在一起，在广义上概括了人类生活与周遭文化世界的一切内容，具有整体性和系统性。

相较于其他学派对文化本质的认识，文化哲学的独特之处在于从总

---

① 衣俊卿：《文化哲学——理论理性和实践理性交汇处的文化批判》，云南人民出版社 2005 年版，第 52 页。

② 邹广文：《当代文化哲学》，人民出版社 2007 年版，第 15 页。

③ 陈树林：《文化哲学的当代视野》，人民出版社 2010 年版，第 71 页。

④ 欧阳谦：《文化哲学的当代视域及其理论建构》，《社会科学战线》2019 年第 1 期。

体性上对文化本质进行把握。过往不同学科基于自身学科的立场对文化进行认识，尽管在学科定义上具有合理性，但缺乏从人类生活和文化世界存在的整体角度进行概括与联系。从卡西尔开始，多数文化哲学研究者已开始关注到人与文化的整合同一性，进而提出"文化"即"人化"的论述，使人们对文化的整体性有所把握。文化不是别的东西，它就是人类生活的世界和人类生存与发展的活动的总和。卡西尔突出了人类生活文化圈的存在，即以符号为表征的文化系统。[①] 文化符号系统的提出使人们对文化的本质和人的本质的理解更为清晰，体悟到人类世界与动物世界区分开来的正是文化世界，而文化世界即人所创造的文化符号系统。这种对文化本质的认识超越了其它学科支离破碎及孤立式的理解，它承认科学、艺术和宗教等领域对文化本质的解读并将其连贯起来，这些均是认识人类文化的一个维度。唯有将其整合起来交织成与人类生活密切相关的文化之网才能洞悉文化的真正本质与涵义。

文化哲学理论对文化本质的认识之所以如此深刻，在于它立足文化历史的方法立场。人类学、社会学或心理学等学科日渐注重使用自然科学的方法去洞悉文化的本质，容易陷入过分强调逻辑性与理性的研究范式。人类文化在大体上呈现出理性、连续性和同质性等特征，但非理性、断裂性与异质性的文化现象比比皆是，这是以自然科学研究范式为主的学科难以把握及精确计量的领域。卡西尔所建构起的文化哲学是广义意义上的认识论。[②] 通过文化和历史的宏观视野，人类所创造的一切文化均可以纳入文化哲学理论视域下的文化概念。这种关注普遍性文化系统的文化哲学理论体系，能够将文化的复杂性、多样性、不确定性和变化性等诸多特性包含在内，力求超越国界、社会、学科及个体认识的界限，在对真实文化世界反映的基础上进行抽象概括。文化哲学理论视域下的文化本质体现发展性的格局。文化并非固定不变的事物，而是随着历史、环境和群体的变化而变化，且形式多样、形态不定。唯有发展性和包容性的文化本质认识，才能够全面与真实地反映文化的本来面目。简言之，

---

① 仰海峰：《文化哲学视野中的文化概念——兼论西方马克思主义的文化批判理论》，《南京大学学报》（哲学·人文科学·社会科学）2017 年第 1 期。

② 欧阳谦：《卡西尔的文化哲学及其广义认识论建构》，《哲学研究》2017 年第 2 期。

在以文化历史方法为中心的研究范式基础上能够对文化的本质进行更全面的把握。

文化哲学视域下的文化本质重构了人们对世界的认识。在文化哲学对文化本质进行深入揭示之前，人们对文化的认识深受科学主义与理性主义等思想的影响，由此带来不少文化困惑，如过分支配自然所带来的"人—自然"矛盾，人的精神被理性完全支配，而情感和想象等感性意向无处安放。在文化哲学理论视域下的文化本质回归到人的生命与生活，从而使文化不再是远离人生命的存在。"文化即人化"的新文化本质认识，赋予人们对于生命及文化创造性的无限可能。文化是活生生的人所创造的，与每一个个体相关，使得人们有能动地创造文化的意愿。从这个意义上说，文化哲学理论对文化的本质理解超越了固化的及终极化探索倾向的传统哲学范式。突出主体价值并将其视野回归到人的现实世界中是文化哲学的品格。① 文化哲学视域下的文化本质除了对人的现实生活给予关怀，还指引人们为理想的文化世界建设而努力，不断对自身所处的文化环境进行能动性改造，从而在文化世界的稳定与重构之间取得动态平衡。总之，文化哲学的文化本质认识以"人化"为核心，推动人们在创造性的活动中重构新的文化图景。

三　深度学习在人与文化关系场中的整合

上述对人本质和文化本质的探寻已经将人与文化紧密地联系起来，从而揭示了"文化"与"人化"的同一性。但对于学习与文化的关系，通常学界将"学习"和"文化"当成两个不同事物，多以分析"学习文化"为主，如探讨学习文化的转变。② 部分研究已经洞察到学习作为人与文化的整合关系，如认为学习活动是人与文化整合的本体。③ 然而，对于"学习作为文化"的探讨不多。有学者已经提出学习是特殊的文化本体。

---

① 徐椿梁、郭广银：《文化哲学的价值向度》，《江苏社会科学》2018 年第 2 期。

② 胡小勇、祝智庭：《技术进化与学习文化——信息化视野中的学习文化研究》，《中国电化教育》2004 年第 8 期。

③ 曾文婕：《走向文化学习——学习文化的历史嬗变与当代重建》，《课程·教材·教法》2011 年第 4 期。

学习本身即文化，具有文化性。① 也有研究者强调学习是文化过程。② 由此可见，"学习作为文化"的命题具有合理性。此外，对深度学习与文化之间的关系也被联系起来，如深度学习需要促进内生性文化创造。③ 这些研究对思考人、深度学习和文化之间的关系有重要启发意义。

（一）深度学习是重要的创造性活动

只有靠能动的创造性活动为媒介才能使得文化的本质与人的本质统一进而结合为一体。④ 可见，人与文化的整合同一离不开能动创造性的活动。深度学习是人类重要的能动的创造性活动之一，可从多个维度来审视其创造性与能动性活动的性质。首先，课堂教学情境下的深度学习发生需要创造性的教学模式进行促进。当前，国际上的深度学习教育改革成为教育界的热点动向。推进深度学习教育改革的重要抓手是推动课堂教学模式改革。课堂教学模式改革必然是创造性的复杂活动过程，它涉及诸多符号要素的系统重新组合。通过创新性的学习环境设计、适应性的教学方法和整体性的教学模式改革，达成促进深度学习发生的课堂教学目的。促进深度学习的教学模式以创造力为学生学习能力培育的最高目标。⑤ 在此类创新型的课堂教学中，涉及一系列运用符号系统进行创造性的活动，既包括教师对教学流程的重构活动，也包括学生的能动参与活动，还包括教育理论工作者的支持及指导活动。除此之外，还有一些新型课堂教学形态中的深度学习促进亦需要多方主体进行能动性的创造活动。在此过程无疑需要师生灵活且能动地运用多种文化符号进行创造性活动。

其次，学习者的深度学习是能动的且创造性的活动过程。与死记硬背形式为主的浅层重复式学习相比，深度学习相当重视创造性的文化活动，这也是它与其它学习形式区分开来的重要体现。学习、创意、创业

---

① 张三花、黄甫全：《学习文化研究：价值、进展与走向》，《江苏高教》2010 年第 6 期。

② Phil H., "Learning as cultural and relational: moving past some troubling dualisms", *Cambridge Journal of Education*, Vol. 35, No. 1, 2005.

③ 钱旭升：《论深度学习的发生机制》，《课程・教材・教法》2018 年第 9 期。

④ ［德］卡西尔：《人论：人类文化哲学导引》，甘阳译，上海译文出版社 2013 年版，第 11 页。

⑤ 赵婉莉、张学新：《对分课堂：促进深度学习的本土新型教学模式》，《教育理论与实践》2018 年第 20 期。

和创新等方面的新目标，均是转向深度学习的重要追求。① 在正规学习环境中，深度学习总是与探究式学习、问题式学习和项目式学习活动联系起来，这些学习活动即创造性学习活动。在中小学阶段多数侧重知识的深度理解、深度学习能力的培养与迁移能力的应用，这也属于创造性的活动。在高校学习阶段，深度学习活动开始指向科研创新与创业实践活动，学习者除了需要继承人类优秀的文化成果，还需探索人类未知的科学世界，创建社会未曾出现的商业活动模式。这些均是人类创新创造的活动，与深度学习密切相关且界限模糊，很难将科研创新和创新创业活动与深度学习活动严格区分开来。它需要学生充分地调动自身的脑力资源，对各种文化符号进行理解、应用与改造，涉及的是持续的、长周期的及自觉的创造性活动。由此可见，在正规系统中的深度学习是能动性的创造性活动。

人类深度学习理论体系探索更是创造性活动的体现。人类社会的高级形式体现在科学、语言和艺术等组成部分。② 人类深度学习理论探索是科学活动的体现，它是无数学者持续进行的创造性工作。深度学习理论严格意义上是西方学者在 20 世纪 80 年代正式提出的，但人类深度学习形态古来有之，且在我国古代的教育思想中早有体现。③ 在西方学者提出深度学习概念后，人们先后围绕深度学习理论进行拓展与创造，体现了对人类文化的推动形态。如深度学习理论在美国经过几十年的发展，形成了较为完善的深度学习理论与实践体系。④ 这些充分体现了人类在深度学习领域上的创造性活动，当然，此处所指的主要是指导深度学习实践发生的理论探索活动，它所指向的是广义的深度学习，不仅包括深度学习实践探索，也包括深度学习的理论探索。更何况在深度学习的理论探索过程中，也必然带有深度学习的实践过程，依托人类已有的有效文化成

---

① 詹青龙、陈振宇、刘小兵：《新教育时代的深度学习：迈克尔·富兰的教学观及启示》，《中国电化教育》2017 年第 5 期。

② ［德］卡西尔：《人论：人类文化哲学导引》，甘阳译，上海译文出版社 2013 年版，第 381 页。

③ 郭元祥：《深度学习：本质与理念》，《新教师》2017 年第 7 期。

④ 高东辉、于洪波：《美国"深度学习"研究 40 年：回顾与镜鉴》，《外国教育研究》2019 年第 1 期。

果进行深度学习而创造出新的理论内容。为此，学习者的深度学习活动、推动学习者进行深度学习的活动和指导人类进行深度学习的理论探索活动，均是人类重要的创造性活动的体现，也是将人与文化联系在一起的重要活动中介。

文化整合与文化创新及文化建设有密切关联，① 文化整合是人类文化发展与创新的重要内容。学习作为重要的创造及传承文化手段，② 可见，学习与文化整合具有共通之处。从人类深度学习整体性角度来看，个体的学习不再停留于学习行为的本身，而是要上升到学习者生命整体优化的层面，从而将学习与文化整合拓展为学习者生命与文化的主动整合。深度学习推动学习者对文化内容的整体性把握，进而将其与自身生命建立文化联系，推动学习者进行文化创造的实践活动。

（二）深度学习促使人与文化的整合

"人不可能过着他的生活而不表达他的生活"③。这反映出人在文化世界中生活继承文化符号系统的同时也在创造新的文化符号系统的倾向。人类生活中的创造力与复制力、改革与传统之间存在无休止的斗争。④ 这实质上蕴含"知"与"行"间的关系，"知"即对文化符号的继承、接受及消化，"行"即行动、创造与改造。由于人的现实生活过程与存在是同一的，就诞生了新历史场景中"知行合一"的可能性。⑤ 深度学习蕴含了"知行合一"的逻辑与思想，使得它也成为人与文化整合的载体，此处的深度学习已经嵌入人与文化的关系场中，成为人与文化整合的组成部分。深度学习既作为文化的活动，也是促使文化活动发生的存在，人们需要通过深度学习活动对文化进行传承，也需要通过深度学习对文化进行改造。在此过程中，深度学习也改变了人的生活状态和生命境况。人与文化的整合离不开深度学习活动，尽管人的生命活动本身是文化的

---

① 戴圣鹏、徐福刚：《论文化整合及其对文化创新的意义》，《江汉论坛》2019 年第 3 期。

② 张三花、黄甫全：《学习文化研究：价值、进展与走向》，《江苏高教》2010 年第 6 期。

③ ［德］卡西尔：《人论：人类文化哲学导引》，甘阳译，上海译文出版社 2013 年版，第 382 页。

④ ［德］卡西尔：《人论：人类文化哲学导引》，甘阳译，上海译文出版社 2013 年版，第 383 页。

⑤ 王长纯、宁虹、丁邦平：《研究主体和接受主体的"知行合一"——比较教育理论建设跨文化的哲学对话》，《教育研究》2002 年第 6 期。

一种体现，但若其需要获得更大的文化发展，继承并创造更多的文化世界，成为人类文化继承事业中的"专家"，他就必须要和文化世界进行深度交互，通过深度学习的方式进行整合是必由之路。

人与文化整合活动起源于人的生命生存及发展的需要，即人与文化的整合并非为了整合而整合，而是为了更好地生活与发展。深度学习与其它学习方式的不同之处在于蕴含教育目标，它指向问题解决能力和创新能力的培育。① 在教育实践中，深度学习被赋予更高的教育期望，如在美国部分学校改革中，深度学习指向的是未来学业及工作的成功。② 当强调人与文化整合时，需要注意整合的方向应往优化人的生命存在发展。深度学习与此意向密切契合，从而更适合成为人与文化整合的有效途径。在某种程度上，人与文化的整合在有意或无意中需要依赖深度学习活动。人类文化整体上相当于人不断解放自身的过程，③ 在这些解放人类自身的活动中深度学习发挥重要作用。

对文化的主动整合，是学习者面临复杂的文化世界及内容的深度学习活动发挥作用的体现。它不同于被动输入式的学习模式，是学习者进行高阶思维、深度认知及多维交互的过程，表现为对自身学习生命及整体生命的超越。此处的文化不仅包含广义的人类优秀文化，还涉及教育情境中的文化要素。文化理解成为跨文化学习者的障碍之一。④ 学习者对文化进行主动整合，既需要对特定文化内容深度加工与处理，还需对承载这些文化内容的文化载体进行理解和接纳，为其迁移性应用奠定基础。学习者对文化的主动整合既包含了心理层面的情感投入，也涉及到与文化环境的交互，最终达成文化内化及文化创造的目标。

随着对文化的深入整合，学习者将充盈着表达、实践及创造文化的自觉。学习者主动参与到文化世界的实践活动中，将其所内化的文化内

①　冯嘉慧：《深度学习的内涵与策略——访俄亥俄州立大学包雷教授》，《全球教育展望》2017 年第 9 期。

②　杨玉琴、倪娟：《美国"深度学习联盟"：指向 21 世纪技能的学校变革》，《当代教育科学》2016 年第 24 期。

③　［德］卡西尔：《人论：人类文化哲学导引》，甘阳译，上海译文出版社 2013 年版，第389 页。

④　胡艺龄、雕心悦、顾小清：《文化、学习与技术——AECT 学术年会主题解析》，《开放教育研究》2019 年第 4 期。

容通过特定的实践方式展现出来，进而使得学习者深度学习系统具有创造文化的功能。指向问题解决、触及知识内核和深入心灵是深度学习的特质，① 学习者深度学习系统对文化的整合正是与这些特质密切相关。迁移应用是学习者深度学习的重要功能，创造是迁移应用的高级形态。深度学习的重要特质是创造及批判。② 当学习者将生命与文化进行主动整合的过程中，必然会伴随文化创造实践的倾向。在这一过程中，对于学习者个体而言，可能体现在学术发展水平有所加强，人际关系网络有所拓宽及社会实践活动能力有所提升等方面。对于人类整体文化而言，体现为文化活动的持续开展及新的文化内容不断生成。

　　要实现学习者生命与文化的主动整合并非易事，它需要学习者的深度学习系统具有特定功能，并且能够随着环境的变化而不断调节并升级自身。从人与文化的角度把握个体深度学习系统，可以将个体深度学习系统作为特殊的"人造物"系统或文化子系统，涉及到深度学习系统的功能、目标和适应性问题。系统的结构决定了系统的功能和性质，涉及"是怎么样"的问题。个体深度学习系统均有目标指向，关乎"应该怎么样"的问题。个体内部与外部文化环境的作用则决定了其目标是否能够实现，关涉"能怎么样"的问题。人的大脑和计算机系统均可视为"人工物"或"符号系统"，进一步指出这些符号系统存在的全部理由就是适应环境。③ 特定的人类深度学习系统尽管具有某种功能，但如果无法适应周遭文化环境的深度学习行为系统，则其并非真正的深度学习或并非有意义的深度学习。实现学习者生命与文化的主动整合，达成深度学习文化整体性的目标，需要学习者深度学习文化系统能够持续进化并且能够适应所处的复杂环境。

　　学习者深度学习系统对文化的主动整合，需在生命整体发展视域下结合具体文化内容分析与审视。社会性互动和个体性获得是西方学习理

---

① 李松林、贺慧、张燕：《深度学习究竟是什么样的学习》，《教育科学研究》2018 年第 10 期。

② 付亦宁：《深度学习的教学范式》，《全球教育展望》2017 年第 7 期。

③ ［美］西蒙：《人工科学》，武夷山译，商务印书馆 1987 年版，第 25 页。

论整体主义倾向的重要表现。① 对于学习者深度学习系统运作而言，它不仅限于对文化内容的摄入及处理，还是其在社会性互动中产生精神体验的过程。为此，回归学习者整体生命优化的立场，对文化的主动整合是将个体生命与文化内容建立密切联系。它是超越工具主义"主—客"二分的思维模式，强调学习者通过深度学习系统与文化融为一体而成为"文化人"。学习者所处的特定政治经济文化环境，已为其生命建构起"前文化基础"。通过后天的深度学习，学习者可以从文化沉浸和全身心投入中获取所需的文化养分，并将它在新的问题情境中转化为文化解决方案。

人类深度学习需要整合的是反映人类优秀文化成果的文化要素。无论是技术要素、知识要素、程序要素和理论要素均是人类所创造的文化体现，深度学习实践活动为整合这些分布式的文化要素提供了途径，强调学习者通过深度与文化整合要立足于每个人的学习风格。在西方学者对深度学习的早期研究中，深度学习与浅层学习常被认为是学习风格的差异。学习者所采取的学习策略与其所表现出来的认知风格组成个体的学习风格，对学习者的学业成就有重要影响。② 对于文化内容的整体性把握貌似是关涉到"信息加工层面"，但实质上会触及到个体的核心认知方式，正是个体认知方式的差异决定了学习者能否对文化内容进行整体性把握并深度加工。"洋葱模型"清晰地揭示了个体认知风格对于学习风格的关键影响。③ 广泛被学界引用作用于学习者深度学习状态自我测量的"两因素学习过程问卷"④，实质上是一种关于学习定向的风格模型。⑤ 为此，学习者对文化内容的整体性把握，要从以往过分强调教学环境、教学条件和教学策略的教学驱动模式，走向在关注不同学习者学习风格的

---

① 曾文婕：《西方学习理论的三重突破：整体主义的视角》，《外国教育研究》2012 年第10 期。

② ［英］赖丁、雷纳：《认知风格与学习策略——理解学习和行为中的风格差异》，庞维国译，华东师范大学出版社 2003 年版，第6—7 页。

③ 陈美荣、曾晓青：《国内外学习风格研究述评》，《上海教育科研》2012 年第12 期。

④ 沈霞娟、张宝辉、曾宁：《国外近十年深度学习实证研究综述——主题、情境、方法及结果》，《电化教育研究》2019 年第5 期。

⑤ ［英］赖丁、雷纳：《认知风格与学习策略——理解学习和行为中的风格差异》，庞维国译，华东师范大学出版社 2003 年版，第69 页。

基础上，针对性地提出促进学习者与文化内容整合的方案。这是部分学者在制定深度学习评价量表或者提出相应课堂促进策略常常忽视但却相当重要的内容。如有学者从结果、策略、投入和动机等维度建构了深度学习评价模型，① 这种评价模型对学习者的学习风格却没有过多关注。事实上，对学习风格的关注可追溯到我国古代"因材施教"的教育智慧。当然，"因材施教"的教育思想比学习风格具有更宽广的内涵，"小以小成，大以大成"正是这一思想的精髓，② 也足以阐明学习风格对于学习者生命成长以及对文化内容整合的重要意义。

国家和社会对特定文化内容的传递，需要通过触发人们的深度学习机制才能强化文化认同并实现更好的教化效果。在社会情境下有意识地推动人与文化整合是人文化成的教化过程，而教化和深度学习是密切相关的。③ 当人们处于特定的社会环境下，就会受到所处的周遭文化世界的文化沉浸。虽然此种情境下人与文化的整合可以通过多种形式进行，但相较于深度学习而言，其他途径的整合效果欠佳。人们在深度学习过程中可以对文化进行吸收并完善，使得这种文化意识与文化价值观更切合人们的生活实际，从而使得文化观念深植于人自身的精神世界中成为人文化自觉的构成部分。深度学习是人主动性和自觉性的文化活动，有利于它在文化整合过程中主体性的弘扬，将文化内化成自己生命的组成部分。

学习者主动地基于生命优化的立场建构与文化内容的联系，事实上可以使他与文化内容的连接更为紧密。学习者深度学习系统既是优化自身生命的存在，也实现了文化整合及文化创造的功能。学习者在学习过程中主动将文化内容融合在生命发展过程中，使得其深度学习过程就是某种程度上模拟参与文化实践的过程。学习者对这些文化内容的掌握及伴随而来的精神体验，为其进行文化再创造打下基础。学习者主动将文化内容与生命建立整体性联系既体现了他对自身生命的超越，走向的是

① 李玉斌、苏丹蕊、李秋雨等：《面向混合学习环境的大学生深度学习量表编制》，《电化教育研究》2018 年第 12 期。

② 刘铁芳：《因材施教与个体成人》，《国家教育行政学院学报》2017 年第 12 期。

③ 吴忭、胡艺龄、赵玥颖：《如何使用数据：回归基于理解的深度学习和测评——访国际知名学习科学专家戴维·谢弗》，《开放教育研究》2019 年第 1 期。

社会文化整体背景下的个体成长，也体现了他对文化创造及文化建设的个体贡献。

（三）深度学习与人及文化三者同一

在文化哲学视角下人与文化的关系场域中，发现深度学习就是人类的创造性活动，从而组成"人—深度学习—文化"的完整逻辑链，这里的深度学习已经与人和文化融为一体，很难用"主—客"二分的思维将其作为实现某种特定目的的工具。广义深度学习就是文化，它具有文化的本性。深度学习也是人与生俱来的本能。人在婴儿期就开始从外界如饥似渴地吸收文化质料，这个过程即深度学习的过程，该时期整合的如语言、习俗、情感及意志等方面的文化要素，将在其脑海中留下深刻印记，使其在一生中可灵活迁移应用。

以学习毅力为例，深度学习是提升毅力、动力和能力等方面学习力的重要途径。[1] 其中，毅力也在多个深度学习理论框架中受到重视，如推动美国深度学习教育的重要组织休特利基金会将学习毅力作为深度学习的重要维度之一。[2] 学习毅力是深度学习的重要目标，但部分学者和实践者苦于探索如何通过有效教学方式助推学习者深度学习中学习毅力目标的达成时，伦纳德（Leonard，J. A.）等人惊奇地发现婴儿可从成年人的坚持活动中习得毅力。[3] 这说明了婴儿进行了深度学习的过程，并获得了深度学习中重要的学习毅力。实质上印证并拓展了社会文化理论中的儿童可从社会文化中获得广泛的文化认知资源。[4] 换言之，人的深度学习在特定的文化环境下会自然发生。

部分学者认为深度学习必须在教学情景下由教师的引导才能发生。有这种思维的学者过分强调课堂教学内容的深度学习，而忽略了人整体生命中绝大部分的知识来源均非来源于课堂教学。余胜泉教授等认为，

---

[1] 郭子其、王文娟：《深度学习：提升学习力的首要策略》，《教育科学论坛》2013 年第 5 期。

[2] William and Flora Hewlett Foundation, "Deeper learning competencies" (http://www. hewlett. org/uploads/documents/Deeper_Learning_Defined_April_2013. pdf).

[3] Leonard J. A. , Lee Y. , Schulz L. E. , "Infants make more attempts to achieve a goal when they see adults persist", *Science*, Vol. 357, No. 6357, 2017.

[4] ［美］奥姆罗德：《学习心理学》第 6 版，汪玲等译，中国人民大学出版社 2015 年版，第 242 页。

人生命中约有七成的知识来源于非正式学习。① 还有学者认为深度学习能力是天生的。伦纳德等人的研究启发人们，尽管后天特定领域的深度学习能力训练相当重要，但不能忽略深度学习能力是人与生俱来的。由此可见，广义上的深度学习与人合为一体。

在文化哲学视域，深度学习与人及文化具有同一性。很长的时间里，学者们将文化与深度学习割裂开来，只谈深度学习不谈文化，从而难以真正把握深度学习的文化本质。即使近年来有学者认识到文化与深度学习的关联性，但依然停留在"工具理性"的思维中，将深度学习作为实现文化传递和创造的工具，而没有洞察到深度学习就是一种特殊形态的文化。在揭示深度学习与人及文化三者同一关系后，文化哲学理论启发人们对深度学习的文化本质作进一步分析。

第三节　深度学习的文化本质生成

从上述讨论中发现，广义深度学习本身即文化，存在着文化本质。进一步地，需对深度学习的文化本质核心体现深入阐释，这对于深化认识深度学习本质具有关键意义。卡西尔认为人的"本性"或本质在实践中生成，所体现的是功能性本质。② 深度学习的文化本质也在人类实践活动中生成，不同形态及结构的深度学习中诸多要素的文化性在实践活动相互作用中共同生成了深度学习的文化本质。

一　深度学习中核心要素的文化本质

深度学习存在多种形态及结构，无论从整体结构还是从细分结构来看，这些不同形态及结构的深度学习所蕴含的核心要素均具有文化本质。文化本质是这些深度学习核心要素中最能反映其存在的特征，人类深度学习活动正是依赖于这些具有文化本质的核心要素才能开展。

---

① 余胜泉、毛芳：《非正式学习——e-Learning 研究与实践的新领域》，《电化教育研究》2005 年第 10 期。

② ［德］卡西尔：《人论：人类文化哲学导引》，甘阳译，上海译文出版社 2013 年版，第115 页。

（一）深度学习主体的文化本质

人类深度学习的主体是文化世界中的人。人在社会文化环境下的深度学习所涉及主体不仅包括学习者主体，还包括与其进行交互的教学者主体、管理者主体及同伴学习者主体等。人是与他人交往着的文化存在物，[1] 人在深度学习过程中会涉及到诸多交往主体，共同促成深度学习的活动发生。此深度学习活动过程可以是精心设计的，如在课堂教学中的深度学习实践和学习共同体中的深度学习行动。在教师专业发展共同体中教师与教师之间互为主体。[2] 此种以成人为主的深度学习活动共同体中，更强调主体和主体的交往，以促进深度学习的发生，从而使此类深度学习活动更具"人"性，凸显了参与深度学习主体的文化性。

在课堂教学情境下，师生等多元主体的文化性影响着深度学习的效果。如通过评价促进深度学习方式的过程中，自我及他者的信息输出、对话、整合和重构均对深度学习的激发产生作用。[3] 无疑，多元主体的活动方式体现了其文化水平，亦展示了其主体的文化性。深度学习也可以是潜移默化的过程，如在社会教化的环境下进行深度学习。在此种类型的深度学习中所涉及的主体更具复杂性、变化性及不确定性，如在社会主义核心价值观教育情境下，社会中各个主体的能动性需要得到激发。[4] 在此类众多主体参与复杂类型的深度学习过程中，一方面是文化对众多主体产生影响，另一方面是不同主体的文化行为和文化形态均对其它主体产生影响，催生新的文化形态。进而，此类深度学习是人与文化双向促进的过程。由此可见，在深度学习活动中人的主体文化性起到关键作用，它既是人文化性的交互、整合与重构，亦是建构人的主体文化性的重要途径。

（二）深度学习中介的文化本质

人类精神文化的三大基本领域分别是观念、意识及精神。[5] 人类深度

---

① 李鹏程：《当代文化哲学沉思》修订版，人民出版社 2008 年版，第 18 页。

② 王淑莲、金建生：《城乡教师协同学习共同体深度学习：问题、特点及运行策略》，《教育发展研究》2018 年第 8 期。

③ 郑东辉：《促进深度学习的课堂评价：内涵与路径》，《课程·教材·教法》2019 年第 2 期。

④ 王立洲：《社会主义核心价值观教育模式：主体性文化教化》，《求实》2015 年第 3 期。

⑤ 李鹏程：《当代文化哲学沉思》修订版，人民出版社 2008 年版，第 19 页。

学习过程的中介是实现深度学习目标和理想的事物综合体，主要有三大类型，分别是精神文化中介、技术载体中介与文化环境中介。首先，文化观念中介在深度学习过程中起到重要作用。人在进行特定深度学习之前必然带有先验文化观念。即使是初生儿，他本身所带有的遗传信息已使他带有特定形式的文化观念。文化之所以存在的先验基础是人通过精神意识所建构起的"意义世界"。① 深度学习发生之前，每个主体所具有的文化性主要体现于特有的"意义世界"。可见，精神文化中介在人的深度学习里扮演前置条件与支撑功能的角色。

　　技术载体中介驱动人类深度学习，在现代化社会显得格外重要。通过多种技术载体促进深度学习已成为学界研究的重点方向，如语义图示②、SPOC 平台③和 SNS 平台④等技术均被学者们作为促进深度学习的技术载体。技术和文化是一体化的关系，共同作用而生成"技术—文化"系统。⑤ 可见，促进深度学习的诸多技术载体中介均属于广义上的文化范畴，通过蕴含文化特点的技术载体为中介的深度学习，必然渗透了技术文化要素，从而使深度学习具备新型文化特性。

　　人类的深度学习通常处于特定的文化环境中，这些文化环境是人类经过创造性的活动而生成的，具有文化的形式。人类文化活动对自然界的"改造"而创造出"新"的文化物体，生成人的文化世界。⑥ 从而，人的深度学习活动总是处于人所创造的文化环境中。在推动深度学习的课堂教学环境中，也蕴含着文化的特性。当代教学环境已经成为人学习活动和生命存在的诸多文化因素的总和，⑦ 这些教学环境具有丰富的文化

---

　　① 吴宏政：《文化存在论的先验基础及其思辨逻辑》，《求是学刊》2010 年第 3 期。

　　② 顾小清、冯园园、胡思畅：《超越碎片化学习：语义图示与深度学习》，《中国电化教育》2015 年第 3 期。

　　③ 曾明星、李桂平、周清平等：《从 MOOC 到 SPOC：一种深度学习模式建构》，《中国电化教育》2015 年第 11 期。

　　④ 李亚娇、段金菊：《SNS 平台在促进深度学习方面的比较研究》，《远程教育杂志》2012 年第 5 期。

　　⑤ 张明国：《"技术—文化"论——一种对技术与文化关系的新阐释》，《自然辩证法研究》1999 年第 6 期。

　　⑥ 李鹏程：《当代文化哲学沉思》修订版，人民出版社 2008 年版，第 17—18 页。

　　⑦ 黄甫全：《当代教学环境的实质与类型新探：文化哲学的分析》，《西北师大学报》（社会科学版）2002 年第 5 期。

意义，除了其物质性形式以外，还存在功能性文化形式。由此可见，课堂教学情境中的学生深度学习发生在多种文化事物所组成的"文化圈"内。

在社会情境中的深度学习，通常发生于包含艺术、有形符号和语言等文化形式的文化环境中。在此种文化场景下进行深度学习，更有可能具有多维度和沉浸式的学习效果。尤其是学习型社会的建设当中，通过对各种文化资源的合理组合与利用，可创设推动社会群体深度学习的长效机制。在非正式的学习环境下，也能形成微型的文化学习场域。例如，在线上虚拟的场景下，通过多种文化要素所建构起来的学习场域能够对学习者的深度学习起到支持作用。[①] 文化环境中介对深度学习的发生起到重要作用，驱动深度学习发生的文化环境中介所蕴含的深厚文化特性会传导到深度学习的本体中。

（三）深度学习客体的文化本质

符号化的知识是人类知识的本性。[②] 人类深度学习的客体是其学习的内容对象，往往具有知识、技能、情感与价值等多种形式，这些形式在某种程度上均是人类活动的产物，具备文化的特性。知识学习、内化、整合、建构、践行及迁移在人的深度学习中占有重要地位。深度学习所强调的知识深度加工，即对文化的加工与吸收。学习者通过对知识的深度加工、建构和迁移的过程，是与人类已有的文化进行交互，进而创造出新的文化结构的过程。人类在深度学习知识的过程中，既是对文化进行加工的过程，其本身亦成为了一种文化活动，源于其能够对知识进行建构、运用并创造。知识不仅是人与文化的中介，它本身就是文化的存在，从而使人走向文化，文化亦成为"人化"。相较于其它形式的学习而言，深度学习在知识内化的深度、结构联结的紧密度和迁移应用的灵活度上均有独特优势，以使得深度学习的过程中文化、人和知识三者无缝地融合于一体。

---

① 李洪修、丁玉萍：《基于虚拟学习共同体的深度学习模型的构建》，《中国电化教育》2018年第7期。

② ［德］卡西尔：《人论：人类文化哲学导引》，甘阳译，上海译文出版社2013年版，第98页。

在深度学习过程中，精神、情感及价值观等方面型塑是重要的学习客体。除了知识学习外，价值观等方面的培育已成为深度学习的文化目标之一。在人的文化世界中，人的精神活动是关键的组成部分。[①] 在深度学习过程中，内在的精神、情感及价值观等方面的培育是文化活动的体现。相较于知识学习方面，人类深度学习中的精神、情感及价值观更具人性化的特点，展现着更丰富的文化性。例如，课堂教学情境中的教材学习，蕴含了优秀的文化内容与价值观元素，使学生能够通过深度学习的方式自然将其内化于心。[②] 将外部的价值文化转化为内部的精神文化是课堂情境下深度学习不可缺少的过程。在新的问题情境下，此种精神及价值观可从学生身上"外化"为显性的文化行为及新的文化精神创造。

文化交往与相关规范也是深度学习客体的重要组成。在美国部分组织所制定的深度学习框架中，人际领域发展是重要的深度学习目标。[③] 可见，深度学习中的客体包含人际方面的协作、沟通等要素。人的文化世界问题中枢是"交往"问题和"人际"问题。[④] 深度学习所涉及的人际交往问题，实质上是文化的一种形式。它涉及人与人交往的实体活动和精神活动，以及在交往过程中存在的显性规则或隐性规范均是特殊的文化形态。人通过深度学习所习得的沟通、合作和交流等方面的能力，成为其与人文化交往过程中重要的"纽带"，这是人文化世界中较为复杂且有文化意蕴的部分。此外，交往规范的理解、认同和遵循，亦是深度学习所指向的文化目标之一。人与人交往过程中的道德规范，人与组织交往过程中的行为规范及集体生活中的制度规范，都是文化规则的体现。人们通过深度学习能够对这些文化规则进行深层次的认识和理解，对其在复杂的文化世界中开展的文化活动有关键意义。深度学习在人际交往领域的目标亦是以文化形态存在的客体。

文化世界以人生命的存在为必要且充分条件。[⑤] 人们日益认识到深度

---

① 李鹏程：《当代文化哲学沉思》修订版，人民出版社 2008 年版，第 19 页。
② 岳新爱：《部编教材课文的深度学习方式探析》，《教育实践与研究》2018 年第 11 期。
③ 舒兰兰、裴新宁：《为深度学习而教——基于美国研究学会"深度学习"研究项目的分析》，《江苏教育研究》2016 年第 16 期。
④ 李鹏程：《当代文化哲学沉思》修订版，人民出版社 2008 年版，第 23 页。
⑤ 李鹏程：《当代文化哲学沉思》修订版，人民出版社 2008 年版，第 23 页。

学习对于人生命存在及发展的重要意义，这亦是建构和发展文化世界的关键途径。立足于生命的立场是深度学习的应有之义。① 深度学习的核心目标之一是促进人的生命优化。人类的生命是鲜活的文化体现，亦是文化最重要的载体。通过深度学习活动促进人取得发展的过程，同时也是推动人类改造周遭文化世界，并建设自身文化世界的过程。人们依托已有的"文化质料"，主动参与到社会文化实践和改造活动中，实质上也是社会性及文化性的活动过程。

此外，深度学习强调人们需要学会学习，并通过在文化世界中持续进行学习以更好地适应变化的环境。这个过程就涉及到上述提到的知识、价值观及交往等方面的学习，但此处更强调的是"元学习"能力，通过"元学习"能力来引领发展自身生命的活动进行，呈现文化成人的特征。在课堂教学情境下，促进学生生命发展是核心素养培育中的根本性取向，带有显著的文化创生属性。② 从这个角度看，通往核心素养培育的深度学习亦具备文化建构的特性。为此，深度学习所指向的人的生命发展亦是具有文化形态的客体。

（四）深度学习方式的文化本质

国际上对学习方式的划分通常有非正式学习、非正规学习和正规学习三种方法，非正式学习与非正规学习的区别在于学习者是否有意识地进行学习，前者是指在日常生活中无意识地学习，后者则是指在日常生活中有意识地学习。③ 对于深度学习而言，也存在这三种主要的学习方式。上述分析中，课堂教学情境下的学生深度学习是属于正规学习的类型，而发生在学校之外的社会情境中的教化式深度学习既有可能是非正式学习，也有可能是非正规学习。人们在日常生活中的深度学习，既有可能是有益的且符合社会价值导向的类型，还有可能是错误的、扭曲及违背社会规范的陋行。当然，并不提倡错误的和不符合社会规范的深度学习，但因其偶然存在，也需要进行防范。

---

① 钱旭升：《论深度学习的发生机制》，《课程·教材·教法》2018 年第 9 期。
② 张聪：《学生发展核心素养培育的文化逻辑》，《课程·教材·教法》2018 年第 9 期。
③ 张艳红、钟大鹏、梁新艳：《非正式学习与非正规学习辨析》，《电化教育研究》2012 年第 3 期。

在传统课堂教学中已经存在特定的文化结构。课堂教学中的表意象征符号、价值及规范等复合体构成了课堂的文化。① 这说明了文化结构普遍存于课堂教学中。深度学习理论及理念所转化出的新文化规则，可对原有的课堂教学文化结构进行调整与融合，形成新的文化结构系统。课堂教学文化结构主要体现在课堂中推进深度学习的规则、多元主体的实践活动和间接起作用的课堂教学规范、学校课程制度与国家教育方针等文化规则。这些直接或间接的文化规则及活动构成了课堂教学情境中的文化结构，蕴含着较为稳定的师生活动方式、教育内涵及价值取向，成为课堂教学中深度学习活动开展的"脚手架"。为此，课堂教学中的深度学习活动也是一种文化性的结构组成部分。

在非正规的深度学习方式中，人们有意识地且有计划地对周遭文化世界进行探寻、思考及认识，体现了深度学习活动的意向性。人的意向性活动所指向的是文化世界的存在。② 为此，人的非正规深度学习所涉及的是文化世界存在。部分学者所探索的现代教育技术支持下的深度学习场域建构大多数是面向非正规学习，如促进慕课环境下深度学习的场域建构。③ 这些深度学习场域就是一种微型文化世界的存在。

终身教育背景下的深度学习所面向的文化世界更为丰富，它所面向的是人一生中所接触的多样化文化教育系统。在这些文化教育系统中存在着多元文化主体，这些主体通过有文化意向的深度学习活动，共同推动此类文化教育系统运转。例如，沉浸式在线环境下的深度学习活动实践中不同主体可通过交互共同达成深度学习目标。④ 此类文化教育系统广泛存在且便捷访问，成为人终身教育的重要途径，且这些学习方式亦具有特定的文化意向性。

非正式学习和正式学习融合业已成为新兴方向。⑤ 与正式学习相比，

---

① 王铁群、张世波：《论社会学视野观照下的课堂文化》，《教育科学》2003 年第 4 期。

② 李鹏程：《当代文化哲学沉思》修订版，人民出版社 2008 年版，第 24 页。

③ 徐春华、傅钢善：《视频标注工具支持的深度学习研究——以 MOOC 学习环境为例》，《现代教育技术》2017 年第 3 期。

④ 李京杰：《基于沉浸理论的成人在线深度学习策略探究》，《成人教育》2019 年第 3 期。

⑤ 迟佳蕙、李宝敏：《国内外深度学习研究主题热点及发展趋势——基于共词分析的可视化研究》，《基础教育》2019 年第 1 期。

非正式学习占据人学习生命的绝大部分。此种情况下，探讨非正式的深度学习就显得格外有意义。在非正式学习领域，维果茨基的社会文化理论起到重要指导作用。该理论认为，文化及社会为学习者传递着丰富且有效的符号、概念和策略，能够帮助他们在日后使用这些认知工具中思考并解决问题。[①] 该理论揭示了社会文化环境及其它类型的文化环境对学习者学习的关键意义。这些学习实质上与深度学习相当接近，均是指向深度理解、认知与迁移应用。学习者在非正式深度学习过程中，与周围的文化产物、隐性或显性制度及思维观念进行深度的交互、碰撞并融合，从而挑战已有的认知并产生独特的个体经验，有效地将社会文化要素内化于心而进行有意义的社会建构。这实质上是与文化深度融合的过程，也凸显非正式深度学习的文化属性。

从深度学习整体结构中的主体、中介、客体及方式等维度进行分析，均发现它蕴含着深厚的文化特性，由此可以总结出深度学习整体结构体系具有文化的本质。该结构体系是以人的存在与优化目标为核心，通过人的深度学习活动推动其运转，从而呈现出"人化"的形态。在深度学习结构体系中，可以发现有诸多文化要素存在且发生作用，这些文化要素也存在于人类的其它实践活动和学习形式中。但这些文化要素之间的关系强度、组合方式、空间结构与交互机制，使其与人类其它活动区分开来。这些文化要素相当于深度学习的"文化基因"，决定了它多样化与差异化的存在形式。

二　深度学习文化本质在活动中生成

在不同形式的深度学习实践活动中，多元主体围绕文化目标并通过文化中介主动地对客体进行深度理解、思考并迁移的过程，充分体现了深度学习的文化本质。人类文化史的形成源于人生命中的改造活动连续进行。[②] 从个体的深度学习活动角度看，它是改造已有的认识，进而创造新的生命存在形式。在无数主体的共同作用下不断形成新的文化世界。

---

① ［美］奥姆罗德：《学习心理学》第 6 版，汪玲等译，中国人民大学出版社 2015 年版，第 242—243 页。

② 李鹏程：《当代文化哲学沉思》修订版，人民出版社 2008 年版，第 39 页。

这既是人学习生命及整体生命优化的活动形态，也是文化世界发展的状态。

（一）深度学习是人学习生命的生长活动

人类在进行深度学习的过程中，一方面是人们通过主动与文化世界进行交互而获取、理解并内化所需的"文化质料"，进而达到深度理解、认识和创造的文化目的。另一方面，它是促进人学习生命成长的活动。所谓的学习生命成长，即通过学习生命关联优化学习者的学习生命存在及成长。① 深度学习是高级的学习生命存在形式，通过情景沉浸、多维交互和社会嵌入等文化交往活动，深入地把握文化内容，形成新的文化个性，从而建构起生成性的学习生命。

在此过程中，深度学习所强调的并非单纯对知识的学习，它所指向的是学习者所处在的文化世界。课堂教学改革需要从学习对象的深度变革入手，即从"知识学习"回归到"事物本身"。② 深度学习正是符合这个逻辑，它所侧重的在于文化世界的交往过程中深层理解与深度迁移，是对文化世界现实性和真实性的把握。从这个意义上看，它不同于一般的学习活动，是包含一系列的认识、理解及创造文化世界的文化行动，从而使得文化世界图景能够清晰地显现在学习者的面前。深度学习是回归学习生命本源的过程，是对一般学习将知识学习与真实文化世界认识割裂开来的一次超越。它注重情感、价值观及精神等人类精神文化的体验和创生，关注学习与迁移、认知与行动、当下与未来等方面的统一，在深入批判及反思的过程中把握真实的文化世界本身。由此，学习的生命性得以展现，体现学生学习生命成长的活动过程。此过程中，学习者经历的是指向文化世界、有文化目的取向的学习文化活动，具有显著的文化特质。

（二）深度学习是人整体生命持存性活动

学习本身对人类的生命存续具有重要意义，而深度学习此类高级学习形态的学习活动更是学习者对自身生命存在优化的关键。深度学习可

---

① 黄甫全：《学习化课程刍论：文化哲学的观点》，《北京大学教育评论》2003 年第 4 期。

② 杨道宇：《从知识到"事物本身"：学习对象的深度变革》，《课程·教材·教法》2018 年第 4 期。

以从社会交往、学术发展及自我成长等多个维度促进学习者生命的进步，在促进终身化学习、个性化学习和社会化学习等方面具有独特作用。与深度学习相对应的深度教学也具备优化学生生命存在及发展的文化功能。① 为此，无论学习者是在正规还是在非正式的深度学习过程中都能收获到生命成长的意义。人以自身生命存在为意向持续性地活动是文化的过程。② 可见，学习者的这些深度学习活动既是优化生命存在的过程，也是文化或"属人化"的过程。

深度学习"属人化"过程的主要表现在于人类所进行的是具有主动性和创造性的高阶学习活动。人类一切活动的核心在于自觉性和创造性，它是人的最高力量。③ 深度学习虽与常规学习活动有联系，但却大相径庭，源于其是高投入高产出的创造性学习过程。深度学习不仅能够促进学习者的知识创造能力，还能提升创新创业技能。④ 可见，深度学习与人类的创新创造活动紧密相连，与浅层式学习和机械式学习等学习方式具有本质性差异。通过这些创新性及创造性的深度学习活动，人的整体生命得到优化，也造就了人之所以为人及其与文化融为一体的过程。

（三）深度学习是人类社会自我发展活动

学习是人类社会发展的"引擎"，不仅是人生命中的核心活动，也是人类社会不断往前发展的关键实践。"学习大国"建设和"学习型社会"构建成为我国重要战略，也是世界其他国家的发展动向。学习大国建设需要社会众多主体的学习力、执行力与创新力不断增长。⑤ 深度学习理论作为一种先进的学习理念，对多元主体提升自身学习力有重要意义。通过不同主体的持续性深度学习活动，可推动国家、社会乃至人类文明的持续进展。人类通过深度学习所取得的进步，推动着文化的传承与创造，成为构筑更完美文化世界的原料。由此可见，深度学习是人类文化发展

---

① 郑新丽：《核心素养视域下的语文深度教学》，《山西师大学报》（社会科学版）2018 年第 5 期。

② 李鹏程：《当代文化哲学沉思》修订版，人民出版社 2008 年版，第 41 页。

③ ［德］卡西尔：《人论：人类文化哲学导引》，甘阳译，上海译文出版社 2013 年版，第 11 页。

④ 王勇：《深度学习促进创新创业人才培养分析》，《中国成人教育》2019 年第 5 期。

⑤ 蒋仁勇：《推动建设学习大国理论与实践问题探析》，《学术探索》2019 年第 6 期。

的途径，在推动文化改造的过程中其自身亦具备文化的品格。

　　从漫长的人类发展史来看，人类学习始终伴随着进化的历程。在此过程中，学习的形态与性质也不断随着生产力发展而同步演进，人类文明所记载的学习理论可以充分反映这一点。尤其是进入农业时代以来，学习理论在往大众化、科学化、精细化、整体化和文化化等方向发展，在处理"人—学习—世界"的关系上更加精致、更加和谐。以现代的深度学习理论审视古人的学习思想，可以发现其亦蕴含深度学习的智慧，但在系统性、科学性和发展性上呈现出时代的局限性。这从侧面反映出深度学习理念及理论是持续进化的过程，从而指导人类学习方式的转变。人类所创造的深度学习理论正是蕴含知识创造和迁移创新的要素，体现了人类学习理念演进的特点，具备与时俱进的文化特征。

第 四 章

深度学习的文化价值论

在以往有关人类深度学习的探讨中，缺乏价值关怀的问题较为凸出。[①] 缺乏价值追求的人类深度学习可能丧失其最具特色的优势。受启发于人类的学习行为及神经处理机制，机器深度学习在复杂识别、情境理解与高维信息处理等领域可逐渐达到甚至超越人类水平。[②] 当人类深度学习沉迷于追寻知识符号习得、信息加工效果与学习技术参数等表层化学习实践活动效果时，无疑失去了学习的"灵魂"与"属人"的本性，从而将人类降格于机器层面。

当人类回归至深度学习的本源价值追寻中，对深度学习进一步进行价值认识、生成与创造，就逐渐步入文化与人学习生命实在的世界。在文化世界的视域下，深度学习则是人类特殊且高级的学习生命及人生命中的文化活动存在。对深度学习蕴含的文化意向、目的与理想作探寻，是通向人类学习生命存在、实现与超越的文化价值之道。通过深度学习的文化价值与文化实践活动的整合，可以激活人类学习生命内在的文化意义，达至文化奠基、生命发展及社会融入的价值规范同一。

要实现文化内生性创造，就应站在生命的角度审视深度学习。[③] 从人类学习生命的立场追问深度学习内蕴的文化目的、价值结构与精神指向，须回应人类的深度学习生命实在是否具备文化价值诉求，需要实现、创造何种文化价值，以及何以认识并达成此种价值追求等重大论题。对人

---

① 吴永军：《关于深度学习的再认识》，《课程·教材·教法》2019 年第 2 期。

② Mnih V., Kavukcuoglu K., Silver D., et al., "Human-level control through deep reinforcement learning", *Nature*, Vol. 518, No. 7540, 2015.

③ 钱旭升：《论深度学习的发生机制》，《课程·教材·教法》2018 年第 9 期。

类深度学习的文化价值探寻，是对人类的学习生命实在及发展的彰显，亦是人类通过深度学习的理念与形式趋向自身生命存在及优化的途径，旨在找到人类深度学习的文化"灵魂"，生成有"价值取向"的深度学习生命。为此，本章将探究深度学习存续、功能和超越文化价值的特征性质，从抽象意义上把握深度学习的文化价值基本形态及特点。在把握深度学习文化价值的基本形态特点后，还需要对深度学习的终极价值追求作出讨论，深度学习的终极价值追求与人类的终极文化意向相通，由此建构深度学习的多重文化价值终极境界。

第一节　深度学习文化价值的抽象性质

对人存在的文化意义和深度学习的文化属性认识与理解共同构成了深度学习的文化价值立场。人类深度学习在认知层面的机理与机器深度学习有相似之处，均是通过特定形式的训练，以深化对外部事物的理解、掌握与迁移，改善知识结构以及习得新技能。机器的深度学习使得其具备"时间化"的能力，即基于时间和经验可优化自身。[①] 受时代的局限性影响，有关人类深度学习的认识在早期正是依据人类处理信息水平的高低结果进行界定。[②] 从这种价值假设出发，难觅人类深度的"属人"本性。

随着深度学习探索的日渐加深，人们逐渐体悟到其文化价值。深度学习不仅是强调学习绩效、信息加工与知识掌握等物质化的学习方式，更是持续生成的人类文化生命赖以存在的情感、精神与价值等要素，成为人类学习生命生成及优化的文化指向。人们对深度学习中的价值类型存在进一步深化挖掘，指引着新的学习实践活动。人类学习生命要求在自身存在的基础上实现超越，深度学习正是实现存在与超越的路径。同时，深度学习作为发展着的理论体系，人们与时俱进地生成新价值设定，

[①] 张祥龙：《人工智能与广义心学——深度学习和本心的时间含义刍议》，《哲学动态》2018 年第 4 期。

[②] Marton F., SäLJö R., "On qualitative differences in learning: i-outcome and process", *British Journal of Educational Psychology*, Vol. 46, No. 1, 1976.

对深度学习所涉及的学习活动和对象的价值系统进行建构。最后，需对深度学习作为人类学习生命及整体生命的超越价值形态进行阐明。

一 深度学习的存续文化价值特质

人类学习生命是个人生命整体的重要组成，是知识获得、加工与迁移，经验习得、反思与践行，思维发生、发散与发展以及情感体验、交互与生成等诸多学习方式、过程和结果的总和。与生俱来的人类学习生命本能地找寻自身赖以存在的本体及超越的途径，表现为学习生命的生存性文化意向。要使人们有意识地学习，需要让他们看到达到他们所要求的价值。① 人类学习生命需要为其生存及发展找到合法性价值依据。深度学习作为人类学习生命的核心组成，也拥有基本的存续文化价值。这些存续文化价值追求蕴含需要与满足、理想与现实、应然与实然等价值张力，实质上反映了人类深度学习生命的文化价值形态。

（一）深度学习存续文化价值追求的意义

主体价值是文化哲学的首倡价值，即需要关注人与"文化文本"的结合。② 对深度学习此种特殊"文化文本"的存续文化价值的探寻，需要明确其背后对于人整体生命与学习生命的深层含义。深度学习是人类生命实在性的体现，既是人类在自然进化中优选出来的能力，也是在后天过程中刻意培养和发扬的潜力，进而有意识地将"本能"的深度学习能力变成人学习生命的存在。一方面，当学生自发地将知识符号、情感内容和文化价值内化于心时，此乃学生有意识维持学习生命的体现。另一方面，教师在教学中总期待能以知识符号为载体，调动学生的自觉能动性和元认知能力，引导学生获得渗透文化特性的行为、经验与知识。无论自发亦或外界激发，当学生深度学习发生时，其往往有持续进行的意向。在长期对某种文化行为参与时，会导致其神经结构及功能发生改变。③ 深度学习这种存续文化价值源自学习者自身神经通路的改变，随着

① National Academies of Sciences, Engineering, and Medicine. *How people learn II: learners, contexts, and cultures*, Washington: National Academies Press, 2018, pp. 4 – 6.
② 徐椿梁、郭广银：《文化哲学的价值向度》，《江苏社会科学》2018 年第 2 期。
③ National Academies of Sciences, Engineering, and Medicine. *How people learn II: learners, contexts, and cultures*, Washington: National Academies Press, 2018, pp. 65 – 66.

深度学习的次数增加，学习者的特定神经结构变化会使得此种学习实践活动容易长期存续下去。

深度学习的存续文化价值内蕴了学生对于学习生命的价值判断及选择，学生首先需要感知到课程及知识对于其学习生命的意义。弗洛伊德（Floyd, K. S.）等人对学生在课堂学习中所选择学习方式的影响因素进行实证分析，发现了课程价值（course value）的内在感知比课堂参与度（engagement）更能决定学生是否采取深度学习的方式。[1] 当学生感知到学习对象及学习活动的价值效用时，学生的学习动机将会激发，进而要求自身结构性地改变心理意识状态，形成深度学习的存在基础。学生积极投入到学习情境中，所产生的深度学习行为实质上带有价值延续性质，使得人的学习生命得以存在。相反，智能机器的深度学习缺乏此种价值判断与选择能力，进而其所实现的是没有价值内化的深度学习。

深度学习的存续文化价值体现了学生对学习生命的领悟。人类给文化创造了特定的意义与价值，对文化的解读应从人赋予其的意义及价值入手。[2] 深度学习是学生创造的特殊文化过程，也是其进行创造性文化活动的存在载体。学生通过对"学习应是怎样存在"的价值思考，能动地在教学交互过程中进行知识关联、思维拓展和问题解决，从而投入到深度学习的状态中。深度学习是实现学生对其自身学习生命提出学会学习的"文化指令"，通过学习生命的成长逐步习得此种能力。深度学习的习惯养成涉及学习价值意识的生成与型塑，是学生领悟学习生命后的文化价值行为，需经过长期的优秀学习文化浸润。当教师有意识革新自身教学观、知识观及学生发展观并采取深度教学变革时，可催生学生对深度学习存续文化价值进行找寻，在文化实践中生成深度学习的习惯。

（二）深度学习存续文化价值稳定与发展

深度学习存续文化价值追求具有稳定性，此种稳定性的根源来源于学习生命的实在。需要看到学生学习生命总是关乎经验、价值、情感、

---

① Floyd K. S., Harrington S. J., Santiago J., "The effect of engagement and perceived course value on deep and surface learning strategies", *Informing Science: the International Journal of an Emerging Transdiscipline*, Vol. 12, No. 10, 2009.

② 司马云杰：《文化价值论：关于文化建构价值意识的学说》，安徽教育出版社2011年版，第55—56页。

行为、知识等基本要素的组合，尽管不同的学习方式存在"深层—浅层""机械—个性""被动—主动""僵化—灵活"等价值张力，但教学中的师生在教与学中会有意识地平衡这种价值张力，以达到和谐的稳定。例如，常常被人们所诟病的"灌输式"学习在东方的文化语境下也存在深度学习的特征，如体系化的知识掌握，高效化的问题解决等。特威德等人发现，不同的文化语境下所推崇的学习理念有较大差异，如西方倾向于强调评估、表达与质疑的苏格拉底式学习，而东方则青睐于务实、尊重及努力的孔子式学习。如果强制性地采取与文化语境不相符的学习方法，则会对学习表现产生负面作用。[①] 为此，必须要洞察到深度学习类似于学生学习生命这棵"树"的核心枝干，而学生学习生命之树则扎根于社会文化土壤。整体社会文化环境通常稳定，学生学习生命也相对稳定，这也导致了学生深度学习存续文化价值追求相对稳定。为此，在推进教学中的深度学习变革时需把握其文化价值追求的稳定性。

深度学习存续文化价值还具有发展的文化特质。学生深度学习文化规定的发展性、学生学习生命价值追求的无限可能性以及学生整体生命的完满性追求，均决定了深度学习存续文化价值追求是不断超越有限的发展历程。深度学习存续文化价值追求的无限性要求人们以发展的眼光、磨炼的心态和包容的胸怀看待教学中的深度学习。当师生在具体的课堂教学及课外学习中持有深度学习的文化意识时，或多或少总能朝指向超越性的学习生命状态逼近。由于学生具备无限发展的潜力，其深度学习品质可在自我砥砺、同伴互动与教师引导下逐步生成。[②] 深度学习存续文化价值追求的发展还需要人们在历史进程中找寻"未出场"及"不在场"的事物，将其与已有的深度学习理论体系结合于一体，从而获得关于深度学习无限宽阔的"全视角"。通过课堂教学方式变革、学习资源创新整合、学习环境精心设计和学习文化刻意营造等催生深度学习文化元素的有机组合，可创造出人类深度学习超越的无限可能性。

---

① Tweed R. G., Lehman D. R., "Learning considered within a cultural context: Confucian and Socratic approaches", *American Psychologist*, Vol. 57, No. 2, 2002.

② 吴永军：《关于深度学习的再认识》，《课程·教材·教法》2019年第2期。

二　深度学习的功能文化价值特征

"功能价值"与"生存价值"是人价值的两个重要层面。[①] 人类学习生命及深度学习生命与其有相通之处，也拥有存续文化价值和功能文化价值。深度学习的存续性文化价值特质是其"生存价值"的体现，反映出深度学习是具有生机的特殊学习生命存在。深度学习的功能文化价值是学习者进行深度学习文化价值目标及追求的关键，具有等级性和相对性的特征。

（一）深度学习功能文化价值的等级性

在学习者深度学习过程中，有多层次的功能文化价值追求，这些功能文化价值追求存在着优先等级。以优化学生学习生命为旨趣，趋向核心素养生成，以及产生综合发展价值的教与学实践活动是深度学习功能文化价值的核心，此种根本的功能文化价值可看作是优先价值等级。深度学习的价值在于对教师、教学内容以及学生学习意义的重新审视，教学活动应与学生生命相关联，学习成为学生参与历史实践的过程。[②] 深度学习能让学生的学习生命获得更优解，进而帮助学生理解、定义及创造新的文化世界。在学生进行深度学习实践过程中，理应朝着此价值目标行进。

学习者的思维、情感、精神和价值观等维度的成长相较于知识习得更加重要。批判性思维、反思性思维与高阶思维等思维品质培育，探究精神、协作精神与理性精神等精神品格型塑，以及生命情感、社会情感与文化情感等情感积淀是人们赋予深度学习的功能文化价值目标。价值感知、价值甄别、价值体悟等价值观表征是深度学习特有的体验过程，学生在师生交互过程中进行深层挖掘、深层思索与深层磨炼，激发学生对价值关系、媒介与情境的卷入，使其生发新的价值顿悟，获得在常规学习实践活动中难以触碰到的价值观体验、冲突、整合与生成。梅休等人对大学新生在深度学习过程中的价值观养成及道德发展进行分析，发

---

① 李鹏程：《当代文化哲学沉思》，人民出版社 1994 年版，第 243 页。
② 郭华：《深度学习及其意义》，《课程·教材·教法》2016 年第 11 期。

现深度学习推动价值观及道德发展的机理路径是整合学习。① 深度学习具有独特的价值观建构功能。总的来说，在深度学习功能文化价值中，思维、精神、价值与情感等维度的感情性深度学习具有较高层级的文化价值意义。此外，通过教学手段、方式与策略的系统化综合，新颖教法与先进的教育技术耦合，帮助学生构筑体系化与个性化的知识结构及网络，可使得深度学习活动充分发挥认知学习的功能文化价值。教师通过安排同伴组合围绕结构化主题展开探究式讨论，可以促使学生概念化、高层次与创造性地解决问题，进而达成深度学习的状态。② 在课堂教学中，师生高频交互、同伴互助与协作探究等组合式教与学活动对认知方面深度学习的功能文化价值实现更加容易。

（二）深度学习功能文化价值的相对性

深度学习功能文化价值的相对性在实践中显现。深度学习的框架、内涵以及理念等在学界尚未有一致性认识，落实到一线教学实践中更是因师生的不同认识和理解而存在较大差异。从一线教师所发表的教学研究论文中可以发现，不同教师所认可的深度学习理念存在较大差异，如"理解学习""长久记忆""情境创设"以及"高阶思维"等种类繁多的概念成为这些教师在教学实践中推动学生深度学习的主导理念。抽象的深度学习理论在转变为教学实践活动时往往存在多种价值判断及选择的形式，因而教师在深度学习的功能文化价值方面具有相对性的价值认识。

深度学习功能文化价值的相对性还取决于条件环境的不同。学生深度学习受到教学生态、知识结构、评价体系和学习资源等诸多变量的影响，深度学习的功能文化价值能否运转以及活动形态如何均具有相对性。例如，深度学习本质上是学习，而教学中的学习与评估密切相关。通常情况下，学习评估本应是促进学习且以学习为本的，但倘若在特定情境中异化为了"指挥"学习，那么在此种环境下师生对深度学习功能文化

---

① Mayhew M. J., Seifert T. A., Pascarella E. T., et al., "Going deep into mechanisms for moral reasoning growth: how deep learning approaches affect moral reasoning development for first-year students", *Research in Higher Education*, Vol. 53, No. 1, 2012.

② Havard B., Du J., Olinzock A., "Deep learning: the knowledge, methods, and cognition process in instructor-led online discussion", *Quarterly Review of Distance Education*, Vol. 6, No. 2, 2005.

价值的认识和应用就可能发生偏差。进行学习环境、教学模式、教学观念以及多元的教与学方法等方面的变革是实现深度学习目标的有效条件。① 当教师持有以学生学习知识容量最大化及学习内容难度最强化的教学观，那么深度学习功能文化价值在此种课堂实践中就会发生偏差。简言之，深度学习功能文化价值的实现在不同的环境中有所不同，具有相对性。

三 深度学习的超越文化价值特性

深度学习作为学生学习生命的核心部分，不仅具有维系学生学习生命实在的存续及功能文化价值意向，还存在完满化学生学习生命的超越文化价值追求。深度学习的超越文化价值根植于人们对跨越教育、教学与学习活动和时代急剧变迁需要之间"断层"的现实性需求，还生发于回归学习生命本源，打开视域、格局乃至生命的理想构图。

（一）深度学习超越文化价值的现实性

深度学习具有对常规学习方式的超越文化价值，此种超越价值不在于否定或诟病原有的学习存在方式，而在于对先前学习生命进行增量重构。对学习者深度学习实践的追求在新的时代脉动、技术语境与教学变革三股浪潮汇聚的大背景下愈演愈烈，其动因在于人们对学习生命的期待与现实世界中的教学实践存在巨大的"割裂"，此种"割裂"使得原有的同化与累积等常规学习方式难以成为人与社会间的中介性连接，也无法满足人们对学习功能、个体素质与社会性建构的文化追求。现实社会中的利益、价值与规范间的冲突需要学校及学生肩负反思及批判的责任，也为提高学生学习过程的质量提供机会。② 深度学习关涉学生整体生命及学习生命的福祉，是对现有教育教学的反思与改进，为社会的文化发展添加更多可能性，是回应时代文化大问题的教育"答卷"。

与浅层化、碎片式学习方式不同，深度学习强调学习主体具备未来

---

① 何克抗：《深度学习：网络时代学习方式的变革》，《教育研究》2018 年第 5 期。

② Wals A. E. J., Jickling B., "'Sustainability' in higher education: from doublethink and new-speak to critical thinking and meaningful learning", *International Journal of Sustainability in Higher Education*, Vol. 3, No. 3, 2002.

发展的知识、经验、思维与情感等迁移应用的可能，即学生学习生命通过深度学习所实现的是对"在场（presence）"事物的超越，其指向的是"未出场"的事物、社会与世界。沃伯顿（Warburton, K.）认为，复杂的自然环境与人类社会诸多因素密切相连，亟待学生具备跨学科的思维及整体性的洞察力去应对充满挑战性的未来，深度学习可使得学习从课程知识和经验体系中提取有意义的策略以最大限度持续性地发展。① 深度学习是面向未来、指向未来且超越目前的在场事物。深度学习超越在场的文化诉求是对传统机械式、灌输式等学习方式过分着力于认识及传递"在场事物"且仅实现从感性到理性过程的现状不满足，而对未出场与不在场的人类社会实践及认识成果充满向往。

深度学习理论及实践探寻内嵌人类共同体对其有限性规定的超越文化价值追求。深度学习是人类学习思想史上的一次重大超越，这种超越体现在新时代与新文化环境中，特定文化群体通过各自的方式对人类学习应通向何方、深度学习应囊括哪些内涵要素以及如何通往深度学习进行文化规定。这实质上是人类共同体的文化超越意识在深度学习这个重要问题上进行现实性求解的体现。当人们发现旧的有关深度学习的文化规定不完备或不适合时代发展时，就会探寻有关深度学习的新文化规定。当前关于深度学习的认识早已超越早期人们对此概念的有限文化规定，可预见的是人类共同体有关深度学习文化价值内容及形式等方面的文化认识在未来将不断被超越。

（二）深度学习超越文化价值的理想性

师生们对优良学习生命的文化信念、理想与憧憬，隐含着超越现实的深度学习理想文化境界。对深度学习中的学习观、知识观与教学观的理念构筑，既源自又超越了深度学习实践规律，是对深度学习的文化意义、特征、精神及价值的理想表达，彰显深度学习融入沉浸教化、文化建构与生命发展的特性。对生命实在、生活意义与文化境况等方面价值理想的构勒是文化哲学本性所在。② 从文化哲学思维视角观照教学问题，

---

① Warburton K., "Deep learning and education for sustainability", *International Journal of Sustainability in Higher Education*, Vol. 4, No. 1, 2003.

② 周旭、郑伯红：《文化哲学研究的现实转型》，《求索》2010 年第 3 期。

自然萌生对教学存在的文化性和理想性意向。对生命意义、学习生命和教学意义的追问让人们自觉地走向文化本体的境界，使深度学习的理论图式带有文化性诉求及向往，内在地激发师生对优良学习生命的向往。将教学引回至学生学习生命是文化本体思维的体现，也是教学文化理想的求索。① 正是师生对教学中深度学习的认知跨越、个体发展与生命发展的文化信念，使得部分师生以虔诚的学习态度将深度学习作为通往整体生命完满化的"桥梁"。所有学习者均需通过深度学习以充分实现其理想，包括社会责任、身份意识、工作成功、健康幸福、知识技能与性格情感等目标追求。② 为通向学生学习生命及整体生命的理想"彼岸"，师生对深度学习进行往复实践、批判反思及创新创造，从而步入超越学习的文化境界。

站在教学文化与学习生命全视角下进行观照，深度学习是优化学生学习生命的文化形式，也是促使学生走向整体生命"完满化"的理想过程。深度学习着眼于回归学习生命的本源，实现学习生命的整体发展价值，蕴含着超越的理想。它是对原有的顺应学习与累积学习等诸多学习形式的升华，走向生命觉悟、社会建构以及文化创造。人存在的终极依据来源于文化中的人类理想层面，指向社会和谐及人的潜能的目标，以至于真正解放人。③ 深度学习的文化理想呼唤学习生命的"灵魂"超越，让学生学习生命释放被封印着的无限潜能，建构学生对文化世界的个性化体验，达到完满化与超越的生命形态。

深度学习所构筑的是激活学生学习潜能、整合学生生命发展及培育社会文化缔造者的文化图景。对人自身的反思及现实生活的观照并指向优化现实世界的存在，是时代哲学转向期人们需要思考的大问题。④ 学生深度学习是"卷入"社会情境的文化活动，其社会性与学术性的文化价值设定引领学生走出"自我"，进而往"为天地立心，为生民立命"的

---

① 靳玉乐、黄黎明：《教学回归生活的文化哲学探讨》，《教育研究》2007 年第 12 期。

② Dunleavy J., Milton P., "Student engagement for effective teaching and deep learning", *Education Canada*, Vol. 48, No. 5, 2008.

③ 仰海峰：《文化哲学视野中的文化概念——兼论西方马克思主义的文化批判理论》，《南京大学学报》（哲学·人文科学·社会科学）2017 年第 1 期。

④ 李鹏程：《我的文化哲学观》，《华中科技大学学报》（社会科学版）2011 年第 1 期。

"本我"努力。从这个角度看，深度学习不仅为学生筑建了通往个体学习及生命优化之路，也铺设了通往社会文化世界的超越之路，彰显学习者在创造自我的新学习生命的同时，更为社会的发展贡献了自身力量的超越文化价值理想。

第二节　深度学习文化价值的终极境界

真善美作为人类文化世界的普遍价值追求，自然也是学习文化活动所向往与求索的价值意向。真、善、美统一于"万物一体"。① 深度学习作为优化学生学习生命的文化活动，将学习中原本松散的真、善、美求索有机统合于一体。课堂教学在深度学习的推动下成为求美、求善与求真的内涵活动。② 深度学习中真善美同一包含多重境界，课堂教学深度学习的真善美同一是基本层次，与具体学科内容深度学习的真善美同一处于同一层级，如文智辉副教授分析大学语文教学在深度学习理念引领下推动学生求美、求善与求真。③ 这个层级的深度学习真善美同一仍处于"主—客"二分阶段，呈现"课堂教学→深度学习→真善美"或"学科教学→深度学习→真善美"的逻辑进路，显然深度学习在此处仍是"他者"或是"客体"。深度学习真善美同一的第二重境界是深度学习内嵌真善美同一的价值结构，学生学习生命与深度学习主客融一，学生在教学场域内与深度学习交融并生成集真善美于一体的新学习生命。深度学习真善美同一的第三重境界是内嵌真善美同一深度学习已内化于学生整体生命中而升华学生整体生命。

一　深度学习真善美同一的第一重境界

教学实践中深度学习真善美同一价值追求的第一重境界，相较于普通学习中的"求美""求善"与"求真"已是不小的跨越。在教学实践

---

① 张世英：《哲学导论（修订版）》，北京大学出版社 2008 年版，第 211 页。

② 武小鹏、张怡：《深度学习理念下内涵式课堂教学构架与启示》，《现代教育技术》2019 年第 4 期。

③ 文智辉：《大学语文课程教学目标的多维观照——基于深度学习理念视角》，《长沙理工大学学报》（社会科学版）2018 年第 4 期。

中学习的"美""善"与"真"三个维度价值追求的割裂相当普遍，是"真"非"善"、是"真"非"美"与是"美"非"真"等，"美""善"与"真"三个核心价值维度仅取一二，就会失去学习的终极价值。深度学习的整体性价值意蕴使得在具体学科教学、普遍意义的课堂教学及教师专业发展等维度上，均可起到推动学生学习走向求美、求善与求真的同一。

（一）具体学科教学中深度学习真善美同一价值追求

在不同的具体学科教学中，深度学习的文化价值既有共性更有特性。"个性"文化、"文本"内容及"归纳"思维是深度学习在小学语文学科的价值取向。[①] 小学数学教学中深度学习的价值在于学生思维方法、运算能力与特征知识群把握等方面的提升。[②] 人们在讨论具体学科的深度学习文化价值时，学科文化特征及学生学情特性已深渗其中。具体学科的价值文化需与深度学习的整体文化价值相互耦合，避免学科价值文化遮蔽深度学习整体价值生态，应以深度学习的整体文化价值选择为主导，重塑学科教学的文化内涵。课程教学改革、学习科学进步及社会变迁是深度学习的价值选择意蕴。[③] 可见，不同学科教学中的深度学习均面临类似的价值考量。在普遍性深度学习文化价值标准下，对特定学段学科教学中的深度学习作驱动策略探索、实效模式建构与活动价值设定，是将具体学科中深度学习存在的文化意向整合成特色化学科深度学习文化价值追求的有效途径。

具体学科教学中深度学习真善美同一价值追求，需要结合不同学段学生、不同学科教学进行讨论。在不同学段学生中深度学习真善美同一价值追求的含义及要求并非一致，在不同的学科教学中深度学习真善美同一价值追求结构也存在差异。加上不同的师生主体对何为美、何为善以及何为真存在多样的解读，把握深度学习真善美同一价值取向在具体

---

① 李广：《小学语文深度学习：价值取向、核心特质与实践路径》，《课程·教材·教法》2017 年第 9 期。

② 马云鹏：《深度学习的理解与实践模式——以小学数学学科为例》，《课程·教材·教法》2017 年第 4 期。

③ 李松林、贺慧、张燕：《深度学习究竟是什么样的学习》，《教育科学研究》2018 年第 10 期。

学科教学中并非易事。总体而言，人们把握不同学科中深度学习真善美同一价值追求结构可以从两个方面入手。第一是国家要求，国家针对不同学段的学生及不同的学科课程均出台了相应的素养规定、课程标准和教学指南，具体学科教学中深度学习真善美同一价值追求结构需要从这些国家要求中提取归纳。第二是国际教育趋势，具体学科教学中深度学习真善美同一价值追求结构探索除了立足本国要求外，还需要放眼世界。从联合国教科文组织、经合组织等国际重要组织不定期发布的国际教育变革的趋势报告可以洞察国际教育的发展动向，为具体学科教学中深度学习真善美同一价值追求结构增加前沿的元素。

通过具体学科教学中的深度学习推动学生具备真善美同一价值追求的关键在于挖掘学科教学深度的共性价值追求。而"育人价值"是学科教学的价值核心，需要构建其学科类结构。① 学生通过对学科教学中核心知识的深度理解，体悟学科蕴含独特的真善美育人价值精神，从而使得学生形成追求学科知识内容真善美价值理想，并生发出对现实世界中真善美的价值追求。不同学科教学中的深度学习，实质上是将人类真善美的整体价值意蕴通过独特的知识、思维与情感等内在学科结构进行转化。如在中小学的语文课程教学中，文化体验与继承、审美境界提升、语文学科思维生成及语言应用素养加强是其语文课程的价值体现。② 这也是语文教学中深度学习推动学生真善美同一价值追求的关键指引。此外，对于人类整体真善美同一价值追求及学科教学中真善美同一价值追求之间的关系衔接是推动具体学科教学中学生深度学习需要思考的问题。

不同学段学生的同一学科教学中深度学习所关涉的真善美同一价值追求，既有共性也有特性。在同一个学科的知识体系中，其内在的真善美同一价值意向是整体的，但在不同学段的同一学科教学中往往有范围和程度上的差异。以英语教学为例，大学阶段的英语学科教学除了注重培养学生的语言素养属性外，还凸显了全球视野与跨文化交

---

① 李政涛：《深度开发与转化学科教学的"育人价值"》，《课程·教材·教法》2019 年第 3 期。

② 储广林：《课程价值实践中语文学科素养的培育》，《中国教育学刊》2019 年第 3 期。

流的价值属性。① 在小学阶段的英语教学，则强调学生习得真实的语言，培养合作交流能力及提高文化素养。② 可见，不同学段的同一学科教学中真善美同一价值追求的形态表征并不一致，从而导致学生在不同学段的同一学科深度学习中所涉及的情感投入、能力培育及价值系统构建有较大的差异。"善即是目的合适及手段合适"③。为此，需要从不同年龄段学生的身心阶段出发，结合具体学科在不同学段的独特真善美，促进恰当形式的深度学习。

（二）普通课堂教学中深度学习真善美同一价值追求

对于普通课堂教学中深度学习真善美同一价值追求而言，更加强调在课堂环境、课堂秩序、教学互动与教学方法等共性的课堂教学要素所蕴含的真善美同一价值取向，从而对课堂教学中深度学习提出价值诉求。课堂教学中教师的举手投足之间均是价值传递与价值教育的过程。以选取学生发言为例，课堂教学管理中的实质蕴含着友善、公正与自由的价值传递过程。④ 这恰好是课堂中学生深度学习需要构建真善美结构同一价值追求系统的组成部分。课堂教学中学生深度学习的对象不局限于课程内容，师生交互、教学媒体、学习环境等诸多因素也将渗透到学生的深度学习之中，形成学生对外部世界的整体价值意象。推动学生状态发生转变是课堂教学文化的价值所在。⑤ 可见，由这些因素共同构建起的课堂教学文化是推动学生深度学习发生的重要因素。

课堂教学中的教学过程、模式及策略，是学生通过深度学习方式感悟真善美同一价值取向的重要中介。教师在课堂教学中选取何种教学模式，设计何种教学过程及采用何种教学策略，既影响深度学习发生的过程，也影响深度学习价值追求的结果。通过对课堂教学的精心设计，引

---

① 吕世生：《商务英语的语言价值属性、经济属性与学科基本命题》，《中国外语》2016 年第 4 期。

② 杨晓娟、卜玉华：《开发小学英语故事教学的独特育人价值》，《中国教育学刊》2018 年第 4 期。

③ 李鹏程：《当代文化哲学沉思》，人民出版社 1994 年版，第 273 页。

④ 高洁：《课堂教学组织管理行为中蕴含的价值教育及实践——以挑选学生举手发言为例》，《教育研究》2015 年第 8 期。

⑤ 贾瑜、宋乃庆：《素质教育背景下的课堂教学文化：意蕴、价值与外在表征》，《课程·教材·教法》2018 年第 1 期。

导学生自发地探求真善美的同一,学生有充分的自主空间进行求真立善
崇美,彰显深度教学的特征。教师所提出的认知及学习要求与学生已有
的认知水平之间的差异是教学过程的基本矛盾。① 教师如何处理教学过程
的基本矛盾,会影响学生是否能够进行深度学习,以及能否通过深度学
习去体悟课目内容所蕴含的真善美同一价值和学习生命存在的真善美同
一价值。简言之,课堂教学深度学习的真善美同一价值追求与课堂教学
的因素、特征及形态有密切关系。

　　课堂教学中的教育媒介对课堂教学深度学习的真善美同一价值追求
发挥重要影响。在课堂教学推动学生走向真善美同一价值境界过程中,
需有效的价值中介作为桥梁,教育媒体正是课堂教学价值中介的重要组
成部分。教育大数据在促进学生思维提升、知识建构及学习理解迁移等
方面有独特优势。② 以教育数据挖掘技术为代表的现代教育媒介,能够
促进学生对课堂教学内容有更深的认知理解、拥有更个性化的师生互动
课堂体验及流畅的"教—学—评"过程,使学生对课程学习的"真"、
课堂互动的"善"及学习体验的"美"有更深层次的理解和体悟。由
多种教育媒介所构建的智慧教学环境对学生的深度学习发生有着重要支
撑作用,进而对学生追求学习生命优化所需的真善美同一价值理想有积
极意义。

　　(三) 深度学习真善美同一价值追求对教师发展要求

　　深度学习真善美同一价值追求,需要教师本身具有通过深度学习进
行真善美同一的价值追求。在课堂教学中促使学生进行深度学习真善美
同一价值追求,首先要求教师具备此方面的专业素养。通过多种教师专
业发展的途径,可使得教师具有推动课堂中深度学习的能力。通过新老
教师互动、教学考核评价、学术理论学习及教学观念革新等形式可推动
教师提高开展课堂深度学习的专业素养。③ 更重要的是,教师自身能否通
过深度学习进行真善美同一的价值追求,这是关乎教师对深度学习价值

---

　　① 黄甫全:《现代课程与教学论》,人民教育出版社 2015 年版,第 311 页。

　　② 赵慧琼、姜强、赵蔚:《教育大数据深度学习的价值取向、挑战及展望——在技术促进
学习的理解视域中》,《现代远距离教育》2018 年第 1 期。

　　③ 韩金洲:《让深度学习在课堂上真实发生》,《人民教育》2016 年第 23 期。

追求理解与把握的问题。教师需要注重自身深度学习素养的提升，以自身通过深度学习的方式进行真善美同一的价值追求为案例给学生树立学习榜样。人们往往会陷入学生才是需要进行深度学习的主体的定势思维，殊不知深度学习对教师的专业发展及整体生命发展亦起到重要作用，教师也需要通过深度学习的形式追求真善美价值同一。

深度学习真善美同一价值追求需要教师掌握推动通过深度学习进行真善美同一价值追求的教学方法及策略。为了使学生通过深度学习的途径进行真善美同一的价值追求，教师需要拥有恰当的教学理念及教学方式。深度教学作为催生学生深度学习的有效教学模式，成为教学改革的重要方向。学习观及知识观的转变是深度教学的核心，[1] 有关深度学习的教学观念转变是相应教学方法及策略革新的基础。在学习观转变的前提下，教师可通过打造课堂深度学习共同体的模式促进学生通过深度学习进行真善美同一的价值追求。这对教师所应掌握的相关教学方法及策略提出更高要求，需避免单向式、工具式及机械式的应试教学模式。例如，对话式教学可触及学生心灵深处，是深度学习的基本范式之一。[2] 当教师掌握此类深度教学模式及策略时，可对学生通过深度学习的途径进行真善美同一的价值追求产生积极影响。

深度学习真善美同一价值追求，需要教师在教学实践中着力推动学生通过深度学习进行真善美同一的价值追求。推动学生深度学习真善美同一价值追求，最终需要落实到课堂教学当中。然而，将深度学习变革落实到教学实践需要进行一系列探索。在一线的教学实践中可以发现有关深度学习真善美同一价值追求的理论导向及实践情况存在一定张力，如不少学者认为推动深度学习的有效方式之一是项目式学习，但在具体的课程教学实践中，项目式学习能否推动学生追求真善美价值同一依然存在诸多不确定因素，其能否有效落实，还需教师在具体实践中作进一步的探索。为此，需要教师具备推动深度学习的教学实践行动意识及批判反思能力，在实践中探索学生追求真善美价值同一的有效模式。

---

[1]　郭元祥：《论深度教学：源起、基础与理念》，《教育研究与实验》2017 年第 3 期。

[2]　李松林：《深度教学的四个基本命题》，《教育理论与实践》2017 年第 20 期。

二　深度学习真善美同一的第二重境界

在深度学习真善美同一的第一重境界中，深度学习是通往真善美同一的途径，它需要与特定学科内容、教学媒介等发生作用方可指向真善美同一的价值追求。在深度学习真善美同一的第二重境界中，由于深度学习被赋予了真善美同一的价值内涵取向，深度学习成为真善美同一价值追求的本体。真善美同一价值追求内蕴在深度学习之中，学生趋向深度学习的过程即是追求真善美同一的过程。

（一）深度学习内嵌真善美同一的价值结构

通常意义上的学习是具有多面性及复杂性的存在，如包含能力提升、素养发展与社会化等多种类型。① 但由于学校教育中的特定教育目标、教学评价方式及学习意义导向，使得学校教育中的学习在某种程度上被窄化。深度学习被视为回归学习本源的存在，去蔽了学校教育中学习身上存在的诸多束缚，让人体悟"真正的学习"。对于深度学习内嵌真善美同一的价值结构，可以回溯到人们对真善美的价值追求。通常人们以价值三分法去观照真善美，如有的学者认为使人类走出思想迷雾的是真善美三分法。② 这种价值分析思维有利于对真善美三个维度进行更深度的求索。但这种价值三分法容易让人们陷入真善美价值追求割裂的误区，这种误区反映在学习上就是人们重点追求某一个维度而忽略其他维度，而忽略任一价值追求维度的学习都不是真正的学习。

深度学习本身蕴含同一性、整体性与全视角的价值追求。深度学习观应是全视角的，③ 这种全视角首先体现在人们对深度学习的认识上。例如，在美国研究院所推动的深度学习项目中，对深度学习从个人发展、人际交往及认知能力等维度进行了界定。④ 这种深度学习观是内嵌真善美

---

① ［丹］伊列雷斯：《我们如何学习：全视角学习理论》，孙玫璐译，教育科学出版社 2014年版，第 5 页。

② 李咏吟：《审美与道德的本源》，上海人民出版社 2006 年版，第 271—273 页。

③ 吴永军：《关于深度学习的再认识》，《课程·教材·教法》2019 年第 2 期。

④ Zeiser K. L., Taylor J., Rickles J., et al., Evidence of deeper learning outcomes. Findings from the study of deeper learning opportunities and outcomes: report 3 ［R］. American Institutes for Research, 2014.

同一价值追求的表现，意味着人们对深度学习的认识不仅仅停留在认知过程的"求真"，还注重人际交往中的"求善"及个人发展过程中的"求美"。从这个角度看，深度学习中真善美三个维度价值追求是同一及一体的。这种深度学习观超越了知识场域的真善美同一价值追求，与社会需求和人的发展充分发生作用。教育实践需要与社会实践进行有机互动，以达到人类整体真善美的实践价值追求。① 内嵌真善美同一价值追求的深度学习要求学生与社会实践及文化世界建立起密切的联系，立足于人类真善美的价值追求整体意蕴对学习中的目标、内容、过程与策略进行把握。

深度学习内嵌了"向文而化"过程的真善美同一价值追求。深度学习可将学生引入人类整体文化世界之中，让其对真实的文化世界有实在的理解，从而激发其对真善美同一价值追求的渴望，这实质上是"向文而化"的过程。深度学习类似于"教化"的含义。学生在"教化"环境下进行深度学习，既能深度理解，也生成了文化。② 由此可见，深度学习是让学生处于真实的文化世界中进行学习且内蕴"向文而化"的价值诉求。从这个角度看，深度学习成为人类对整体真善美同一价值追求的"精神化身"，推动学生走向深度学习，不仅是源于深度学习是学生通往人类真善美价值追求的"阶梯"，更因为深度学习即是真善美同一的文化存在。对于学生学习生命而言，其孜孜不倦追寻的学习真善美同一的境界即是深度学习。

（二）学习者深度学习过程体悟真善美同一

学习者与深度学习交融前对学习真善美同一价值追求存在着渴望及责任。亚里士多德认为，"哲学的思考源自诧异。"③ 此处的诧异可理解为好奇心，人类的好奇心是推动人了解世界并改造世界的根本性动力。对于课堂教学中的学习者学习而言，它是带着对未知世界探索的期待及渴望而来，深度学习是其理想的学习境界，达到深度学习的状态即是学习

①　陈理宣：《论教育的真善美》，《教育理论与实践》2017 年第 22 期。
②　吴忭、胡艺龄、赵玥颖：《如何使用数据：回归基于理解的深度学习和测评——访国际知名学习科学专家戴维·谢弗》，《开放教育研究》2019 年第 1 期。
③　［古希腊］亚里士多德：《形而上学》，吴寿彭译，商务印书馆 1959 年版，第 5 页。

中融真善美为一体的形态。然而，部分学习者的学习是应试式的学习，而非他们所期待的推动自我成长的学习。① 深度学习是学习者所期待的自身成长及与社会文化实践发生密切联系的有意义过程，从而激发学习者内在的学习动力。深度学习意味着学习者需要对学习过程进行监控和反思，进而追求真正的学习精神价值，尤其是对深度学习真善美同一的价值追求。除了对学习带有本能的渴望外，学习者也可察觉到源自自身、家庭和社会所赋予的学习责任，这种学习责任也是推动学习者走向深度学习真善美同一的价值追求的动力所在。

学习者对深度学习中真善美同一的价值追求主要体现在学习过程中。学习者深度学习的发生及发展取决于学习过程中的状态，这是学习者体悟深度学习真善美同一价值追求存在的历程。深度学习的发展历程及发生过程是对深度学习状态评价的主要依据。② 为此，需要关注学习者在深度学习过程中真善美价值同一的追寻状态。比格斯认为学习者的学习是在特定学习情境中，以内部形式进行类似信息处理的过程。③ 为此，需要从其学习者的内部因素及外部教学情境入手，把握影响学习者能否顺利获得与深度学习真善美同一的价值体验的因素。另外，学习者与其所处的教学情境互动过程中，也存在着课程体系、教学模式以及评价形式等对深度学习真善美同一价值探求有所影响的因素。简言之，教师需要帮学生们设计恰当的学习环境，以使得学习者在与教学情境互动过程中激发出内在的动机、价值观和情感等深度学习影响因素，从而达到并构建深度学习真善美价值同一的学习形态。

学习者对深度学习中真善美同一价值的把握在于其深度学习体验及能力形成。人类的巅峰体验（peak experience）通常与卓越表现、个人认同和参与感密切相关。④ 学习中的巅峰体验是学习理想状态的表现，意味

---

① 季苹：《"学习方式的变革"系列之二 让知识的学习变得"有意义"》，《人民教育》2014 年第 12 期。

② 殷常鸿、张义兵、高伟等：《"皮亚杰—比格斯"深度学习评价模型构建》，《电化教育研究》2019 年第 7 期。

③ Biggs J. , "What do inventories of students' learning processes really measure? A theoretical review and clarification", *British Journal of Educational Psychology*, Vol. 63, No. 1, 1993.

④ Privette G. , "Peak experience, peak performance, and flow: a comparative analysis of positive human experiences", *Journal of Personality and Social Psychology*, Vol. 45, No. 6, 1983.

着学习者在学习中获得愉悦感、幸福感及成就感。深度学习真善美同一的价值把握，就在于学习者能时常体悟到其带来的学习意义感触、学习互动乐趣、学习问题解决成就感及与真实世界连通的开阔感。这是深度学习中真善美同一"价值流"的特征，它是自发的、专注的及超越的，意味着学习者内在的最佳学习体验。杜威在其提出的教学五步法中指出，在学习者学习过程的前期阶段表现出混乱及困顿状态，在后期应是问题解决的清晰状态。[①] 也就是说，学习者需要在教学中获得一种学习成就感以及完满感。伴随着深度学习巅峰体验的是深度学习能力的形成，如学科理论思维、批判反思思维、社会实践洞察力及迁移实践能力等。由此可见，学习者获得良好的深度学习体验及掌握相关能力是其把握深度学习真善美价值同一的表现。

（三）学习者学习生命中的真善美同一价值

在深度学习真善美同一价值追求的第一重境界中，深度学习成为通达真善美价值同一的途径或方式。然而，"人生并非只是使用对象的活动"[②]。为此，深度学习理应看作学生学习生命的成长部分，要用学习者学习生命进化的眼光去看待深度学习的发展过程。在特定情境下，学习者学习生命建构起深度学习的新形态，从而获得深度学习中蕴含的真善美同一价值元素。为此，有必要对深度学习中真善美同一文化价值如何成为学习者学习生命的价值特质进行探索。在连续性及深层性的经验基础之上，深度学习将演变成学习者持久性的惯习，真善美同一价值追求成为学生学习生命内部的稳定沉淀，促进学生学习生命融入深度学习而获得学习生命的新生。

学习者对深度学习中真善美同一价值追求的体验，是其深度学习经验习得的过程，学习者在此过程中不断地加深对深度学习真善美同一价值追求的理解，建构起自身对深度学习的深层认识。学生学习效果可基于课内外的学习经验并通过深度学习的途径得到提升。[③] 同样道理，学生

---

① ［美］杜威：《民主·经验·教育》，彭正梅译，上海人民出版社 2009 年版，第 108—109 页。

② 张世英：《哲学导论》修订版，北京大学出版社 2008 年版，第 232 页。

③ 王树涛、宋文红、张德美：《大学生课程学习经验与教育收获：基于深度学习的中介效应检验》，《电化教育研究》2015 年第 4 期。

对深度学习的体验经历也会成为其进一步迁移应用的基础。低频次、偶然性的深度学习真善美同一的价值体验，并不能构成学习者有关深度学习连续性的经验。学习者需要通过反思自身的学习经历，从而对其进行深入评估并重新构建。当其获得有意义的理解后，方可促成进一步的行动。① 足够强度且连贯的深度学习真善美同一的体验，才能让学习者获得有价值的经验。

学习者学习生命与深度学习深度融合而生成新的学习生命的标志在于惯习的形成。惯习概念最初由布尔迪厄（Bourdieu，P.）所提出，他认为惯习基于个体以往的思想、感知及行动经验而形成，成为指导个体行为及思维的存在。② 深度学习的惯习形成表征在学生的学习习惯转变上，培养学生多向思维习惯是深度学习推进的方法。③ 当学习者自然而然地采取深度学习真善美同一所指向的学习模式、学习策略以及学习理念时，学习者"此时此刻"就在进行抽象的学习生命成长。推动人本身及人世界"优化"的是人的"文化"活动。④ 学习者学习生命融入深度学习真善美同一价值追求，是在反复实践中具体进行的。深度学习的惯习形成及其实践行动，是将学习者的学习生命进行更大程度的优化，推动学习者学习生命趋于真善美同一价值追求的和谐状态。学习者为优化学习生命而进行深度学习的文化实践活动，实质上是对其学习生命的优化，在深度学习实践中生成集真善美于一体的新的学习生命。

三　深度学习真善美同一的第三重境界

深度学习真善美同一价值追求的第一重及第二重境界，主要涉及学科教学中的深度学习以及深度学习对学习者学习生命的意义，重点着眼于学校教育中的学习。但对于学习者整体发展而言，再用学科教学中的学习及学习生命去定义并解释难免会有所限制，亟待从整体生命的立场看待深度学习真善美同一的价值追求。要从生命的立场审视深度学习的

---

① Andresen L., Boud D., Cohen R., "Experience-based learning", *Understanding Adult Education and Training*, No. 2, 2000.

② Bourdieu P., "Structures, habitus, practices", *The Logic of Practice*, No. 1, 1990.

③ 康淑敏：《基于学科素养培育的深度学习研究》，《教育研究》2016 年第 7 期。

④ 李鹏程：《当代文化哲学沉思》，人民出版社 1994 年版，第 293 页。

发生。① 从学习者整体生命的视角出发，理想的境界是学习者顿悟深度学习蕴含真善美同一价值追求，从而使深度学习价值精神融入学习者的整体生命之中，提升了学习者的整体生命，此乃学习者整体生命真善美同一价值追求之"知"。人基于有目的性的学习活动成为人，即学以成人。② 学以成人中的"学"是学习者在生命中践行深度学习真善美同一价值追求的关键，此乃学习者整体生命真善美同一价值追求之"行"。孔子所意指的学习最高境界即成为自得其乐自我肯定的君子。③ 深度学习真善美同一价值追求第三重境界与之有相似之处，强调成为健全的、有大境界及大格局之人，从而将深度学习真善美同一价值追求变成生命中自然而然的存在，此乃学习者整体生命真善美同一价值追求之"达"。

（一）学习者整体生命真善美同一之"知"

深度学习真善美同一的价值追求与人类整体真善美同一的价值追求具有同源性，当深度学习真善美同一的价值追求在学习者生命中敞开时，学习者生命就进入了人类整体真善美同一的价值追求顿悟之境。对以往强调深度学习的周密精确、技术参数及能力中心的突破，是实现自我超越的学习者深度学习途径。④ 因此，学习者对深度学习的认识首先需要跨越知识及能力等认知层面的因素，趋向深度学习真善美同一的价值认识与创造。在人类文化世界中，"美"是使得愉悦感产生的追求，"善"是恰当性的关系及生存目的的追求，"真"是对生命存在实在性的追求。⑤ 当学习者将生命中深度学习真善美同一的价值追求与文化世界的真善美同一关联起来时，即可将文化世界中求美、求善及求真的同一追求转化为学习者整体生命存在的文化目的。

对深度学习真善美同一的价值追求的觉悟可照亮学习者的文化生命性。文化生命与自然生命是人类生命的两个基本维度，蕴含生成性及整

---

① 钱旭升：《论深度学习的发生机制》，《课程·教材·教法》2018 年第 9 期。

② 王南湜：《从哲学何为看何为哲学——一项基于"学以成人"的思考》，《哲学动态》2019 年第 4 期。

③ 姜国钧：《从〈论语〉首章看孔子学习的三种境界》，《大学教育科学》2015 年第 5 期。

④ 贾志国、曾辰：《自主化深度学习：新时代教育教学的根本转向》，《中国教育学刊》2019 年第 4 期。

⑤ 李鹏程：《当代文化哲学沉思》，人民出版社 1994 年版，第 294—295 页。

体性等特点。① 深度学习通过激活学习者主体与文化世界的交互，推动学习者构建真实世界中真善美同一的文化理想，使得学习者的文化生命性逐渐形成。学习者学习是指向学习者生命优化的历程，趋向精神生命、智慧生命和学习者学习生命的同一。② 生命意义上的深度学习不再以认知中心、能力中心及技术中心的样态存在，而是注重人的精神世界真善美同一的价值追求，促使人对其所处情境有深度洞察、深刻感悟及深层意向。学习者意识到其文化生命的真善美价值理想可通过深度学习形式进行建构，自发地对深度学习真善美同一价值追求进行整合。学习者顿悟深度学习真善美同一价值追求可使其生命形态得以丰满，文化生命得以形成后，将察觉深度学习与学习者生命交融境界的魅力。

对深度学习真善美同一价值追求的领悟，使得学习者整体生命中的文化生命有了超越工具理性学习价值的境界，使得学习者有步入理性的自由文化生命之境的机会。这将使得学习者在真实世界的行动中有深度的思维、广阔的视野及优良的文化精神品格。从学习者基于深度学习的整体生命真善美同一价值追求的"不知"到"知"，使得学习者有超越知识、能力及技能等维度深度学习真善美同一价值追求的局限，并跨越了从学习者学习生命中深度学习真善美同一价值追求约束的思想觉悟。融会贯通深度学习真善美同一价值追求后，学习者对文化世界真善美同一价值的向往之心油然而生，成为其行动的文化意向。学习者整体生命中的深度学习真善美同一文化意识，既包含具体学习实践中深度学习及学习生命中深度学习的真善美同一价值追求，又在其基础之上。这种整体生命中的深度学习真善美同一成为了学习者人生的重要目标，且该目标具备发自内心而非外部功利性的性质。从这个角度看，学习者整体生命中的真善美同一意识，并非人们常接触的学习者应该掌握高阶思维、应该对知识进行深加工及学习者应该达到深度理解的学习目标等诸如此类的设想，而是学习者整体生命中自发追寻真善美同一的精神所在。

（二）学习者整体生命真善美同一之"行"

在学习者觉悟基于深度学习的整体生命真善美同一价值追求的文化

① 向英、梁建新：《文化生命论——文化哲学视野下的人类生命问题》，《探索》2011 年第 3 期。

② 黄元国：《大学学习是指向生命成长的过程》，《大学教育科学》2017 年第 6 期。

指向以后，自然萌生践行基于深度学习的整体生命真善美同一价值追求的价值理念，以达到优化个体生命的"知"与"行"同一。践行基于深度学习的整体生命真善美同一价值追求有多种不同层次。在课堂学习层面，学习者可以践行此类具体教学中深度学习真善美同一的价值追求，这属于践行基于深度学习的整体生命真善美同一价值追求的基本层次。除此之外，需重点探讨的是使学习者整体生命得以完满成为健全君子的践行层次。在我国儒家经典思想中，学以成人的理念占据重要地位。宽泛意义上的"为学"所指向的"成人"需统一"知"与"行"。① 此处的"学"可作为学习者基于深度学习的整体生命真善美同一价值追求之"行"的核心，其指向成为君子的目标。

在学以成人的视域下，深度学习中的"学"有多种层面的内涵。孔子论学在哲学视域下可从高到低划分为"修己安人""成人之学""从善之学""为己之学"以及"学而时习之"中的"学"。② 由此可见，"学"以成人中的"学"具有多重境界，从而使得学习者践行深度学习的整体生命真善美价值同一也存在多重境界。"学而时习之"是课堂教学的深度学习中学习者实现知识迁移及深度理解目标的重要策略，也是学习者践行基于深度学习的整体生命真善美同一价值追求的基础。西方学者已经开始逐渐认识到，中国学习者采取儒家提倡的重复学习有其深厚的文化基础及独特价值。如肯尼迪（Kennedy P.）发现中国文化对学习者的学习方式具有深远影响。③ 这说明了类似于"学而时习之"的学习方式，可以成为学习者践行基于深度学习的整体生命真善美同一价值追求的初步途径。当学习者进入到践行这一价值追求的更高阶段时，学习者将会对自己进行全面审视，对照自身与整体生命真善美同一存在的差距，此乃认识自己的过程，亦是"为己之学"的应有之义。

当学习者践行基于深度学习的整体生命真善美同一价值追求到达较高的阶段时，学习者开始努力、自发并主动地向外部世界吸取通向真善

---

① 杨国荣：《广义视域中的"学"——为学与成人》，《江汉论坛》2015 年第 1 期。

② 赵敦华：《学以成人的通释和新解》，《光明日报》2018 年 8 月 13 日第 15 版。

③ Kennedy P., "Learning cultures and learning styles: myth-understandings about adult (Hong Kong) Chinese learners", *International Journal of Lifelong Education*, Vol. 21, No. 5, 2002.

美同一的"养料",除了向教师虚心求教、向优秀同伴效仿学习之外,还
与文化历史及社会实践等周遭世界进行深度交互。此时的学习者整体生
命已经通过深度学习的方式适应其所处的环境,并进行有所导向的创造
性行动,是学习者在"此时此景"践行基于深度学习的整体生命真善美
同一价值追求的体现,也是"从善之学"的要求。但这种状况仅是阶段
性的,要步入更高的践行境界,则需要持续性的深度学习对整体生命进
行优化,在不断的磨炼与砥砺过程中完善自身的人格和素养,此乃"成
人之学"的意义所在。个体成人之道是学习之道的终极指向,也是践行
立己立人的过程。① 在学习者践行"立己立人"之学的过程中,已经开始
步入基于深度学习的整体生命真善美同一价值追求的行动高级阶段,融
通真善美的君子气质呈现雏形。当学习者拥有更高的理想抱负和行动能
力,在践行自身整体生命真善美同一的过程中推动群体、社会走向真善
美同一,就趋向"修己安人"的理想状态。

(三)学习者整体生命真善美同一之"达"

在探讨学习者基于深度学习的整体生命真善美同一价值追求之"知"
与"行"之后,有必要对学习者基于深度学习的整体生命真善美同一价
值追求之"达"分析。"达"意指通达、畅通及通到,对于学习者基于深
度学习的整体生命真善美同一价值追求之"达",需考察其理想的通达状
态。"健康"及在"健康"基础上的"完满"是人生命存在的文化特
性。② 为此,对于学习者整体生命而言,需要从身体以及精神两个基础性
的维度分析其真善美同一价值追求之"达"。此处的"达"与上文的
"行"实质上构成了学习者基于深度学习的整体生命真善美同一价值追求
横向与纵向的关系,高阶的"行"会带来高维的"达"。

学习者基于深度学习的整体生命真善美同一价值追求之"达",在于
到达"万物一体"的精神境界。"万物一体"境界是中西方长达几千年来
的哲学思想结晶,也是真善美同一的旨归,但此境界并非一蹴而就。③ 对

---

① 刘铁芳:《学习之道与个体成人:从〈论语〉开篇看教与学的中国话语》,《高等教育研究》2018 年第 8 期。

② 李鹏程:《当代文化哲学沉思》,人民出版社 1994 年版,第 241 页。

③ 张世英:《哲学导论》修订版,北京大学出版社 2008 年版,第 212 页。

于学习者基于深度学习的整体生命真善美同一价值追求而言，"万物一体"精神往小处看是知识、能力与思维等维度的融会贯通，达到对文化世界及社会实践的深刻理解，进而有所创造。从大处来看，"各美其美、美人之美、美美与共"的精神是人对异于己的民族、文化和事物应持的整体文化意识。以"万物一体"的精神境界化解人类命运共同体建设的难题，应是学习者基于深度学习的整体生命真善美同一价值追求的理想和行动指向。从而跳出"自我"，走向"为天地立心，为生民立命"的"本我"。

第 五 章

深度学习的文化活动论

对人类文化活动基本结构的洞察且能将其作为整体进行审视是"人的哲学"的意义所在。[①] 对人类文化活动的基本结构及其整体进行审视是文化活动论的重点。在深度学习文化活动中，涉及多种文化要素和关系，共同构成深度学习的文化活动基本结构。对人类深度学习文化活动的要素及关系进行整体性把握，是洞察人所创造的深度学习文化活动如何展开的关键。学习者进行深度学习的过程一方面是深入主动地体验学习，将过往习得的与正在学习的知识、能力与价值指向未来生命发展中的迁移应用；另一方面是通过深度互动形式实现对周遭文化世界的深度理解，建构起自身对文化世界的认知体系，并对优秀文化进行继承、创新并扩散，成为促进自我文化成长、改造社会文化以及重构文化世界的过程。进而，人类群体性深度学习有利于学习型社会的建构和人类命运共同体的发展，从而将深度学习从独立的"小我"范式转向身处社会文化中的"本我"范式。文化哲学视域下的深度学习文化活动回归了学生学习生命相通与人类命运发展相连的本质，从而推动人类深度学习走向"深"且"通"的文化境界。

第一节　深度学习中的文化要素

符号、人与人关系、身外物体及人的身体是把握现实世界文化活动

---

① ［德］卡西尔：《人论：人类文化哲学导引》，甘阳译，上海译文出版社 2013 年版，第7—9 页。

的重要种类。① 从文化体的角度考察深度学习的文化活动，对洞悉其现实
文化形态有重要意义。"学习三角模型"揭示了内容、交互及动机三个维
度是人类学习的关键组成。② 为此，把握深度学习的文化活动除了关注生
理媒介之外，还须考察深度学习的外部文化活动，即学习者在文化情境
中进行深度学习所涉及的外部文化形式，主要包括内容元素和物体要素。
在文化哲学视域下，人的身体实在作为一种特殊的文化载体，在此处所
讨论的文化要素是广义的文化范畴，也包括学习者的生理基础及神经媒
介。文化作为人完善自身的意向，总是通过人自身行为"表现"出来。③
对人类深度学习文化活动最根本性的认识在于探讨人类如何将外在的文
化形式转化为内在的身体变化。对学习的综合理解需要包括学习相关的
生理、心理、脑与社会性等方面的条件及它们之间的交互。④ 神经科学领
域的相关研究对认识人类学习的复杂性尤为关键，这主要源于神经科学
的最新研究进展能逐步深刻地揭示人类学习的基本原理。⑤ 对深度学习涉
及的生理媒介进行分析，是考察深度学习过程及其内在机理的关键途径。

一　深度学习的内容元素

技能和知识通常是人们划分学习内容的两个维度。⑥ 这是人类学习的
主要内容，但并不全面。除了知识与技能外，从学习产物的视角出发，
对人类的学习划分还应包括以审美、态度和价值观为代表的感情性学
习。⑦ 感情性学习影响着社会中个体的认知及行动，是人类学习不可缺少
的部分。其中，价值观学习对社会身份认同、自我意识增强和行动执行

① 李鹏程：《当代文化哲学沉思》修订版，人民出版社 2008 年版，第 148 页。
② ［丹］伊列雷斯：《我们如何学习：全视角学习理论》，孙玫璐译，教育科学出版社 2014
年版，第 6 页。
③ 李鹏程：《当代文化哲学沉思》修订版，人民出版社 2008 年版，第 161 页。
④ ［丹］伊列雷斯：《我们如何学习：全视角学习理论》，孙玫璐译，教育科学出版社 2014
年版，第 6 页。
⑤ ［美］布兰思福特、布朗、科金等：《人是如何学习的：大脑、心理、经验及学校》（扩
展版），程可拉、孙亚玲、王旭卿译，华东师范大学出版社 2013 年版，第 30—31 页。
⑥ 莫雷：《知识的类型与学习过程——学习双机制理论的基本框架》，《课程·教材·教
法》1998 年第 5 期。
⑦ 曹南燕：《认知学习理论》，河南教育出版社 1991 年版，第 7—8 页。

力提升具有重要意义。① 为此，从知识、技能和价值观三个源自人类文化的核心学习内容分析，是把握深度学习中内容元素的关键。

（一）深度学习中的知识

"人类知识按其本性而言就是符号化的知识"②。当人们在文化的层面观照深度学习中的知识实在时可以发现，学习者深度学习中的知识实质上是一种"文化符号"。其本质就是人类经验及思想的载体，是人类文化的结晶，是文化的重要存在形式，具有文化的意义，为此可将其当作"文化符号"。此处的"文化符号"在学校教育场域中是经过精心组织的人类优秀知识集合。在学校教育中，广泛主题的学科内容文化知识及社会交往知识为学生提供融入社会的基础。③ 这些文化知识是学习者进行深度学习实践的基本载体。

人生活在符号的宇宙中，语言、艺术和宗教等均是符号宇宙的组成部分，人类在经验及思想上的进步均使得这个符号之网更为牢固。④ 文化认识论为人们阐明了人类深度学习中的知识本质，揭示了知识的文化价值，既是对已有深度学习中知识认识的肯定及贯通，又是在其基础上进行文化层面的升华。从而，将深度学习与知识的联系建立在学习者文化生命的发展上，学习者通过多样化的"文化符号"深刻认识世界、与世界进行深入交互并创造出新的文化形式。

知识是人类文化的重要存在形式，也是学习者深度学习运作的核心。对知识的深层理解、反思及迁移是学习者深度学习的体现。学习者在深度学习过程中需要对文化知识进行内化、关联、重整及建构，形成自身可灵活调用并迁移的知识体系。在教育教学中，对知识的认识、生成与建构的差异直接影响着所塑造的人有所差异。⑤ 知识学习过程在深度学习

---

① National Academies of Sciences, Engineering, and Medicine. *How people learn II: learners, contexts, and cultures*, Washington: National Academies Press, 2018, pp. 130 – 131.

② ［德］卡西尔：《人论：人类文化哲学导引》，甘阳译，上海译文出版社 2013 年版，第95 页。

③ National Academies of Sciences, Engineering, and Medicine. *How people learn II: learners, contexts, and cultures*, Washington: National Academies Press, 2018, p. 23.

④ ［德］卡西尔：《人论：人类文化哲学导引》，甘阳译，上海译文出版社 2013 年版，第42—43 页。

⑤ 郝文武：《教育哲学》，人民教育出版社 2006 年版，第 207 页。

中具有重要意义，获得、保持及运用知识的过程是人类认知学习的核心部分。① 为此，对深度学习中的知识学习过程可用类似的逻辑视角进一步把握。

首先，在新兴技术支持下的深度学习过程中，人类知识的获得及保持更为容易。技术资源及工具使得人们在获得、发现及创造知识方面拥有优势，能够加速深度学习的发生。② 在新兴教育技术的支持下，传统课堂教学中学习者深度学习涉及的知识形态趋向于图谱化及网络化。通过智能辅导系统及自适应学习技术等新兴教育技术的助推，知识的深度学习变得可视化及精准化。这些技术可以根据学习者的学习基础、风格、需求以及课程教学安排等情况，合理地设计知识学习进路，为学习者编织起内在紧密相连的知识结构。

在现代教育技术的支持下，学习者的深度学习不再局限于传统的课堂教学场域，其教与学的形态也有别于传统的师生面对面交互形式。人们逐渐开始重视线上课堂形式的深度学习，线上课堂可通过学习分析、学习增强、学习预测等技术促进学习者深度学习，为学习者构建起基本的知识网络结构。在知识网络的基础上，还可与其它的网络如社会网络整合起来，形成新的社会知识网络。③ 网络环境下的学习者深度学习，一方面强调知识网络的清晰化、可视化及结构化，另一方面强调知识网络与人际网络、活动网络等诸多学习相关的网络联系起来，增强学习者深度学习的参与感、投入度和创造力。

其次，深度学习中的知识加工转化及建构受到更多重视。深度学习中知识的深度加工及转化是人们长期探索与实践的着力点，以促进学习者对知识的深度理解、探究知识背后蕴含的思维、自觉建构知识的逻辑体系。在这种背景下，深度学习逐渐走向探究式、问题式和项目式的学习形式。一些新的教学模式如翻转课堂尤其重视学习者主动通过深度学习进行知识联结、加工及拓展。此外，人们对知识深度学习更加强调其

---

① 曹南燕：《认知学习理论》，河南教育出版社 1991 年版，第 314—315 页。

② ［加］迈克尔·富兰、［美］玛丽亚·兰沃希：《极富空间：新教育学如何实现深度学习》，于佳琪、黄雪锋译，西南师范大学出版社 2015 年版，第 62—69 页。

③ 余胜泉、段金菊、崔京菁：《基于学习元的双螺旋深度学习模型》，《现代远程教育研究》2017 年第 6 期。

意义的重构，即从知识学习转向能力学习、素养学习和智慧学习。学习者深度学习需从知识学习转向能力提升及智慧发展。① 学习者在对知识进行深度加工及转化的基础上，创生出更多的教育意义及价值。

最后，深度学习的关键意义在于知识迁移。对于深度学习中知识迁移的重要意义，人们已广泛接受并阐明。通常认为学习者需对文化知识进行深层激活、思考、加工及整合，以使学习者能在新的问题情境中对其进行创造性应用。在某种程度上说，是力求平衡"知"与"行"的关系。深度学习中的知识迁移既包括知识在学习外部不确定、未知的和复杂的情境迁移，也包括学习者内部不同知识点间的联系及整合。② 一方面，深度学习强调学习者需将静态的知识有效激活，建立起不同知识点之间的有机联系，整合成"宏观—中观—微观"层次分明的知识结构。另一方面，期待学习者在未来社会实践的非良构问题情境中可灵活迁移。在美国学界对深度学习的探索及学校教育教学的深度学习实践中，深度学习的外部情境迁移受到高度重视。其中，美国部分热衷资助深度学习项目的民间基金会将深度学习等效为可迁移的学习。美国国家研究院也指出，正是迁移将深度学习与学习者应具备的 21 世纪技能联系起来。③此处的迁移更多的是指，学习者能够将深度理解的知识在未来情境中动态地应用。

（二）深度学习中的技能

在文化发展过程中人类存在一种建设"理想"世界的力量，这些力量并不能被归于一致，而是趋于不同方向但又相辅相成。④ 从人类整体文化发展的角度审视深度学习中的技能，这些技能除了能动性、建设性、创造性及进化性等共同性特征外，其形态是多元且相异的。除了知识学习外，技能习得亦是人们赋予深度学习的两大基本目标之一，两者动态

---

① 康淑敏：《基于学科素养培育的深度学习研究》，《教育研究》2016 年第 7 期。

② 刘哲雨、郝晓鑫：《深度学习的评价模式研究》，《现代教育技术》2017 年第 4 期。

③ National Research Council. *Education for life and work*：*developing transferable knowledge and skills in the* 21*st Century*，Washington：National Academies Press，2013，pp. 1 – 12.

④ ［德］卡西尔：《人论：人类文化哲学导引》，甘阳译，上海译文出版社 2013 年版，第 389 页。

结合称之为"21 世纪能力"。① 广义的人类学习技能与能力密不可分，在狭义上可定义为对问题或材料有条理地解决或概括化的技术和操作方式。② 对于学校教育或者是教育改革而言，需预设一个确定性的深度学习技能目标框架，以使教育教学中的深度学习实践可以有序进行。

通常人们对深度学习中的技能有广义的理解和狭义的理解两类。在狭义理解上，课堂教学中强调的深度学习能力组成如高阶思维能力、深层加工能力、高级动作技能和深度阅读技能等成为人们关注的重点。通过这些能力的组合，学习者可以有效地解决学习上的问题，在学术上进行创新性探究，以达到预期的教育教学目标。在广义理解上，深度学习的技能是学习者面向整体生活、未来工作及社会实践所应具备的能力。被广泛引用的"21 世纪能力"包含了人际、认知和自我三个主要领域，囊括了协同工作、学会学习和核心学术内容掌握等六项主要能力。③ 此外，深度学习中的技能发展与核心素养提升也有密切联系。④ 国内外学界及实践界此类深度学习中的技能发展目标所面向的是个人的整体发展，具有终身性、多元性及基本性的特征，是从广义意义上把握深度学习中的技能。

部分技能甚至智慧在某些高级动物身上也存在，但符号化的想象力和智慧才是人类特有的能力类型。⑤ 为此，不能脱离文化形式来谈深度学习能力，这样并不能真正区分人类的深度学习、动物的深度学习及智能机器的深度学习。在文化层面上审视深度学习中的技能，就能发现那是人类创造性地运用文化符号进行文化活动的形式。文化世界正因为"各美其美"而变得缤纷多彩。深度学习指向的技能在广义上需要有足够的发展包容性，既兼顾不同个体的能力差异，也强调普适性能力。过分强

① J. W. 佩利格里诺、M. L. 希尔顿、沈学珺：《运用深度学习提高 21 世纪能力》，《上海教育科研》2015 年第 2 期。

② ［英］安德森等：《学习、教学和评估的分类学——布卢姆教育目标分类学（修订版）》，皮连生主译，华东师范大学出版社 2008 年版，第 230—231 页。

③ National Academies of Sciences, Engineering, and Medicine. *How people learn II*: *learners*, *contexts*, *and cultures*, Washington: National Academies Press, 2018, pp. 5 - 6.

④ 郑葳、刘月霞：《深度学习：基于核心素养的教学改进》，《教育研究》2018 年第 11 期。

⑤ ［德］卡西尔：《人论：人类文化哲学导引》，甘阳译，上海译文出版社 2013 年版，第 55—56 页。

调深度学习技能框架的精确性、一致性及目标性，往往会迷失深度学习中技能的文化本质，成为"矮化"的深度学习。

（三）深度学习中的价值观

文化与价值观相互作用且关系密切。① 深度学习作为人类特殊的文化活动必然带有特定价值取向。在深度学习中的价值观传递，一方面是激发学习者社会倡导的文化目标、观念和信仰，使其拥有符合所处组织和社会的文化共识。另一方面可以向学习者传递某种价值规范及理念。价值观作为学习者深度学习的内容元素的重要组成，须站在学习者生命存在的文化图景进行考察。文化是人优化自身的内在精神性意向，是人生命存在的一种内在规定。② 可以发现，深度学习最重要的价值观在于其生命的本身存在及优化。当然，这并不否认也不忽视人处于特定社会、政治和文化背景对其所提出的价值观要求的重要性，它们对人生命的本身存在及优化起着关键作用。从学习者生命存在及优化的视角去审视深度学习中价值观的应有之义，对生命的敬畏、热爱与发展是不同层次价值观培育的核心内涵。此外，深度学习作为人类能动的创造性文化活动，还应蕴含并帮助人们形成具有适切的处理人与学习、人与自然、人与文化物、人与人及人与社会等关系的文化价值观，从而与周遭文化世界共生共存。

文化哲学探究的意义之一在于阐释价值观念在人类历史发展及人们生活选择中的作用。③ 从深度学习的内容元素出发，深度学习中价值观培育的最终追求在于指引人在文化世界中优化自身生命存在。当学习者进行深度学习文化活动时，他们可以意识到自身进行的是优化生命存在及与周遭文化世界连通的实践活动，从而具有文化现实感、涉入感和体验感，引导其生发出新的价值判断、价值选择及价值创造。在教育者设计深度学习的价值观培育模式时，需要重视并倡导学习者明确深度学习对学习者自身生命发展的本质意义，使其成为学习者优化自身存在及学习

① 王现东：《文化哲学视域中的价值观研究》，博士学位论文，华侨大学，2012年，第1—3页。
② 李鹏程：《当代文化哲学沉思》修订版，人民出版社2008年版，第111页。
③ 马俊峰：《文化哲学研究三题》，《江海学刊》2010年第1期。

生命存在的文化追求，树立探索、洞察及建设理想文化世界的文化目的，驱动学习者能动地解放自身。

在课堂教学深度学习中的价值观培育主要有三种具体途径：一是通过学科内容进行价值观传递。不同的学科知识体系均带有特定的价值取向，加上国家、学校及教师有意识地进行课程研制、设计及实施，学科教学中深度学习的价值取向更为明显，对学习者价值观培育起到关键作用。二是将系统的价值观培育模式渗透到深度学习中，如从价值嵌入及价值评价两种模式设计了在深度学习中进行价值观培育的方案。① 其中，价值评价模式与第一种具体学科内容深度学习中的价值观培育有相似之处。三是通过深度学习的框架设定嵌入特定的价值观。如上文所述的美国 21 世纪技能框架与中国学习者核心素养框架均可作为深度学习的目标框架，以这两个框架为目标的深度学习就具有显著的价值观取向差异，前者个人主义价值取向明显，与其所处的美国社会背景密切相关。而后者社会价值取向显著，符合我国独特的国情。

在这三种具体深度学习的价值观培育途径中，需要注重更为深远及根本的文化价值传递。可以说，深度学习中的价值观培育经过人们长期自觉及创造性的探索已经初具雏形，但价值观作为深度学习中极具活力与能量的内容元素，需要克服狭隘的价值观设定及漠视其重要性的局限，进而赋予深度学习一种有文化境界的价值观培育取向，促使学习者生成适切的深度学习价值观。

二 深度学习的物体要素

在学习者学习过程中，通常根据"学习功能"来把握物质条件。② 在学习相关的物质条件中，人们所接触的学习工具物以及有助于学习的物体能够对学习起到重要作用。学习者在深度学习过程中势必要与周围环境中的物体发生交互作用，进而外界文化物体与学习者深度学习构成了

① 张诗雅：《深度学习中的价值观培养：理念、模式与实践》，《课程·教材·教法》2017年第2期。

② 黄甫全：《当代教学环境的实质与类型新探：文化哲学的分析》，《西北师大学报》（社会科学版）2002年第5期。

有文化意向特性的关系。从"功能"意义上对世界进行把握是人与外部
世界"功能性关系"的体现。① 对于深度学习中的物体要素，从文化功能
的角度进行审视更能把握其广泛的文化意义。当人类对某些物体进行短
暂的接触即可影响其对其它物体的长期体验。② 对深度学习中的物体实
在进行分析具有独特价值，源于人类通过感官向文化世界进行学习。下
面需着重对深度学习涉及的物体要素进行探讨。整体性文化物总和、表
征文化意识的文化物、机器系统与工具的文化物及基础资料的文化物是
把握外部世界物体实在性的四个层次。③ 为此，可从深度学习所涉及的
文化工具物、智能文化物和整体文化物图景三个方面对其物体要素进行
探讨。

（一）深度学习的文化工具物

在学习者深度学习过程中，经常需要以特定的工具作为延伸、增进
及优化深度学习效果的中介。这些工具的存在形式涉及到人的文化意向，
因而具有了文化活动要素的特质。从常见支持深度学习的文化工具物来
看，大致可划分为学习认知工具、学习分析工具、学习评价工具等学习
方面的工具；教学辅助工具、教学分析工具、教学设计工具、教学评价
工具等教学方面的工具；广义的优化教学及学习的文化工具整合。

学习者在深度学习过程中可以利用的文化工具相当丰富。在传统学
习场域中，知识建构工具扮演促进深度学习的重要角色，如可通过具有
文化意义及考虑文化差异的绘本促进学习者深度学习。④ 知识建构工具的
广泛使用能够有效地提升学习者的学习效率与效果，为其进行高层次的
抽象拓展学习打下基础。在众多的学习文化工具物中，学习技术具有重
大的作用及潜力。学习技术在满足特定需求时可有效对学习者进行学习
支持，助推其学习目标实现。⑤ 学习技术蕴含时代的智慧结晶，是科学文

① 李鹏程：《当代文化哲学沉思》修订版，人民出版社 2008 年版，第 124 页。
② National Academies of Sciences, Engineering, and Medicine. *How people learn II: learners, contexts, and cultures*, Washington: National Academies Press, 2018, pp. 45 - 46.
③ 李鹏程：《当代文化哲学沉思》修订版，人民出版社 2008 年版，第 130 页。
④ 娄龙雁：《绘本在学科深度学习中的应用》，《上海教育科研》2018 年第 11 期。
⑤ National Academies of Sciences, Engineering, and Medicine. *How people learn II: learners, contexts, and cultures*, Washington: National Academies Press, 2018, pp. 164 - 165.

化的象征，对学习者的学习活动有重要作用。学习技术根据功用可划分为智能伙伴促进反思工具、社会媒体交互工具、情境建构工具、信息搜索工具及知识建构工具五种类型。① 其中，新兴的情境建构工具及社会媒体工具等在学习者深度学习过程中发挥重要作用。与传统学习场域相比，结合"互联网＋"的学习场域可嵌入学习认知工具、学习分析工具和学习评价工具等学习工具，构成具有适应性与互动性的深度学习文化场域。当学习者主动进入此类场域并利用这些文化工具物进行探究学习、体验学习和交互式学习时，就有可能发挥其文化功能以促进学习者深度学习的过程。

在深度教学中可以应用到的文化工具物相较于学习方面的文化工具物更加多样，源于部分学习方面的文化工具物既可作为学习者学习的工具，也可作为教师教学的工具。例如，学习分析工具可作为学习者深度学习过程的支撑工具，相当于对学习者的脑力资源进行扩充，其又可作为深度教学模式的部分。此类工具在混合学习情境中可有效对该模式进行支持。② 围绕教学的需要，各式各样的"文化质料"经过精心设计均可起到促进学习者深度学习的功效，除了常见的以计算机为载体的教学分析软件、辅助教学平台、评价支持系统及教学资源库等电子形式的教学工具外，还有传统的教具及经过教师重新改造的教学"工具物"等。这些教学"工具物"在常规情况下并不具备促进学习者深度学习的功能，但当教师有意识地选择与整合利用并将文化意识渗透其中，则为教学工具物提供了文化的意义，使其成为深度学习的有机组成部分。深度教学要求课堂沉浸着思想文化的气息，从而使学习者浸润其中以达到生命的生长。③ 蕴含文化内涵的教学工具物正是能实现文化传递的载体，是文化的表达形式。当教师有意识地将某种教学工具物与特定文化要素结合在一起，实质上就是使学习者接受文化熏陶的过程，促使学习者潜移默化地接受教师所传递的文化，进而支持深度学习的实现。

---

① ［美］申克：《学习理论：教育的视角》，韦小满等译，江苏教育出版社 2003 年版，第 422 页。

② 彭涛、丁凌云：《混合学习环境下基于学习分析技术的深度教学模式研究》，《继续教育研究》2017 年第 9 期。

③ 伍远岳：《论深度教学：内涵、特征与标准》，《教育研究与实验》2017 年第 4 期。

学习者深度学习所涉及的文化工具物多种多样且可以自由组合。从广义上来说，它是师生为优化深度学习以及深度教学活动所能动用的一切文化物体质料的组合。在分别对促进深度学习的学习方面及教学方面的文化工具物进行探讨后，还需注意到深度学习中的文化工具整合问题。将学习技术整合到教学中，从高到低分别具有以下三种层次：促进学习者协作学习和参与学习、支持学习者学习及呈现内容。① 学习者在深度学习过程中涉及诸多的以物体形态存在的"文化质料"，当将其有机整合到深度学习过程中时，应注意发挥其促进参与、增强协作的高层次功能。在学习文化工具物极大丰富性的基础上，需要有效利用并整合这些文化质料，充分发挥其促进深度学习的功能。

（二）深度学习的智能文化物

智能技术将引起社会巨大变革成为人们的共识。早在 20 世纪 90 年代，我国学者就探讨过智能革命的问题，认为信息化社会仅是过渡，以智能机器为新一代生产力代表的智能社会才是未来趋势，并提出智能机器人将按照"M 规律"进行发展。② 这些观点极具前瞻性，世界智能技术已经具备从当时的第三代自适应机器人向第四代思维机器人进化的显著迹象，预示着社会性质的进化。在智能时代将发生人类经验来源及活动、学习能力和方式等方面根本性质的变化。③ 智能技术不仅改变了社会的性质，也改变了人的性质。此类智能文化物的出现，使意识本身外化为物体性、外在性的"活动"。④ 在此背景下的教育存在发生了重大变化，原有的教学系统结构有可能重新构建。智能文化物可在学习范式重塑、多维学习体验建构及学习资源平台支撑等三个维度助推学习者深度学习。⑤ 智能文化物的存在使学习者深度学习的物体要素获得自我进化的能力。

智能文化物可划分为"弱智能"和"强智能"两大类，在当前的智

_____

① Bakia M., Means B., Gallgher L., et al., "Evaluation of the enhancing education through technology program: final report"（http://fles.eric.ed.gov/fulltext/ED527143.pdf）.

② 童天湘：《论智能革命——高技术发展的社会影响》，《中国社会科学》1988 年第 6 期。

③ 韩水法：《人工智能时代的人文主义》，《中国社会科学》2019 年第 6 期。

④ 李鹏程：《当代文化哲学沉思》修订版，人民出版社 2008 年版，第 128 页。

⑤ 邢星：《教育信息化 2.0：深度学习、学校变革、智能治理》，《人民教育》2018 年第 Z2 期。

能技术水平下，教育中的智能文化物主要以"弱智能"的形式存在。学习者的深度学习是多维度整体且强调身心投入并主动探究的有效学习。[①]在教学情境中所应用的弱智能文化物，能够模仿教师的教学能力，形成多样化处理多线性复杂学习支持任务的智能教学系统，从而在多个维度对学习者深度学习进行支持。弱智能文化物可从知识构建的维度协助学习者构建个性化的知识网络。智能辅导系统对学习具有促进作用，可通过特定模型支持学习者进行深度学习。[②]此外，弱智能文化物在学习情境创设上可以建构沉浸式增强智能学习场域，使学习者在学习过程中能够获得多通道的输入，使其获得的学习效果达到深度学习的水平。例如，属于弱智能文化物的"语义图示"可使学习者在学习情境上获得丰富支持，优化学习者内部的思维及认知过程，进而引导学习者实现深度学习。[③]弱智能文化物所创设的情境具有浸润性、灵活性、机动性和丰富性的特征，更能促进学习者的主动思考及探索，使其可在未来的问题情境中深度迁移。

强智能文化物相较于弱智能文化物而言，对学习者的深度学习活动影响更为显著。强智能文化物相当于第四代机器人及以上的智能技术，可实现自主地进行思维、情感并采取行动。从这个角度出发，强智能文化物可以超越传统教学及学习中文化工具物相对缺乏的"育人"缺陷。基于人工智能技术在课堂教学中的应用，可进一步发展为 AI 教师及 AI 伙伴。[④]学习者在与此类智能文化物的交互过程中，所面对的是有文化意识的智能文化物，颠覆了学习过程中的人与"文化质料"的传统交互模式。学习者所需要调动的不仅是认知层面的学习神经机制，而且涉及情绪、态度和价值观等维度的神经机制，从而使学习者的学习变得复杂化、立体化及多维化，达到深度学习的效果。强智能文化物由于具有全时域及

---

①　冯嘉慧：《深度学习的内涵与策略——访俄亥俄州立大学包雷教授》，《全球教育展望》2017 年第 9 期。

②　Vanlehn K. "The relative effectiveness of human tutoring, intelligent tutoring systems, and other tutoring systems", *Educational Psychologist*, No. 4, 2011.

③　顾小清、冯园园、胡思畅：《超越碎片化学习：语义图示与深度学习》，《中国电化教育》2015 年第 3 期。

④　余胜泉、王琦：《"AI + 教师"的协作路径发展分析》，《电化教育研究》2019 年第 4 期。

泛在性特点，由其驱动的学习者深度学习将变得更加普遍且更为高层次。智能文化物在学习者深度学习活动中扮演了"人性化"的文化意识物角色，其拟人化、进化性及交互性的特质使学习者深度学习发生的过程、性质及效果不断优化。

（三）深度学习的整体文化物图景

学习者深度学习所涉及的整体文化物图景既包括上述所探讨的诸多功能性文化物，还存在着一些艺术性文化物，它们共同组成深度学习的整体文化物图景。师生在对深度学习中的文化物应用的过程中对其改造、关联及重构，进而赋予其新的文化意义。

除了深度学习中的功能性文化物外，还有不少以艺术性或非功能性形式存在的文化物，这些艺术性或非功能性形式的文化物对学习者深度学习中的隐性学习有重要影响。尽管它们并非直接对学习者的具体学科深度学习产生效用，但其所象征的精神文化可能对学习者的价值观、学习动机和学习情绪发生作用，呈现出促进深度学习的效果。艺术性物体形式经过系统性整合后能构筑出更具文化意蕴的情境，使学习者感受其中所蕴含的学习文化魅力。在正规教育中，学校对办学环境进行系统生态式设计，可营造审美、价值观及核心素养等方面浸润式培育的深度学习环境。[①] 在具体的学科教学中，学科实验室的布局安排、艺术室的环境设计等均可创造深度学习的支持空间。例如，由一切物质条件组合成的空间环境对艺术方面的深度学习有重要影响。[②] 可见，由艺术性文化物或非功用性的文化物组成的文化环境为学习者深度学习的发生及发展提供了有益基础。

学习者深度学习中涉及到的诸多文化物在其他学习活动里也普遍存在，但这些"文化质料"经过师生有意识地选择、运用及改造后，可成为深度学习化的"文化质料"。例如，对翻转课堂中涉及的文化物及其集合结合本土实际情况进行转化后，可促进学习者深度学习的发

---

① 刘党生：《深度学习环境下的学校实验生态设计案例（下）——访上海新纪元双语学校校长李海林教授》，《中国信息技术教育》2016 年第 5 期。

② 张婷婷、郭灿：《基于核心经验的艺术领域深度学习》，《浙江教育科学》2017 年第 5 期。

生。① 部分"文化质料"在经过蕴含文化意向的深度学习活动改造后，可成为深度学习模式的支撑部分。工具及文化对象在社会环境中对学习者的思维发展有重大推动作用。② 学习者在深度学习过程中系统运用"文化质料"的过程，一方面有利于其解决问题，另一方面助推其思维的发展。在深度学习过程中所创造出来的新"文化质料"将会对学习者后续的深度学习产生影响，致使学习者深度学习呈现螺旋上升的文化进步态势。

　　学习者深度学习过程所面对的实质上是整体文化物建构的学习情境。这些情境是动态变化且丰富多样的，也是学习者深度学习存在涉及的"文化质料"的总和，构成了独特的"学习文化图景"。创生性的学习文化型塑是深度学习推进的重要支撑。③ 种类丰富的文化物可构建起利于深度学习发生的文化情境，共同构成深度学习的文化活动。由于人们的深度学习活动使得不同的"文化质料"持续性地变化、改造及重构，不同时代、不同社会、不同个体面临的深度学习整体文化物图景既有共性也有差异。进而，可针对性地拓展及丰富有利于学习者深度学习发展的文化物图景，推动学习者达到深度学习的理想境界。

三　深度学习的神经因素

　　学习科学与深度学习紧密相连，源于它能揭示学习的规律及本质。④ 为学习科学提供理解学习本质基础的认知神经科学，亦是认识深度学习的重要视域。当前教育神经科学的分析水平，可以囊括神经机制层次、认知行为层次、个体层次和社会文化等从微观到宏观的多重层次。⑤ 研究深度学习文化活动如何在人的身体，尤其是大脑神经上的"表现"，是把

---

　　① 姚巧红、修誉晏、李玉斌等：《整合网络学习空间和学习支架的翻转课堂研究——面向深度学习的设计与实践》，《中国远程教育》2018 年第 11 期。

　　② National Research Council. *How people learn：brain，mind，experience，and school*（*expanded edition*），Washington：National Academies Press，2000，pp. 80 – 83.

　　③ 康淑敏：《基于学科素养培育的深度学习研究》，《教育研究》2016 年第 7 期。

　　④ 孙智昌：《学习科学视阈的深度学习》，《课程·教材·教法》2018 年第 1 期。

　　⑤ Han H.，Soylu F.，Anchan D. M.，"Connecting levels of analysis in educational neuroscience：a review of multi-level structure of educational neuroscience with concrete examples"，*Trends in Neuroscience and Education*，No. 17，2019.

握其文化活动的关键。神经元及关系结构的"物质"是深度学习的基础，[①] 这些微观"物质"基础实质上也可看作广义的文化要素组成。分析人的身体如何"表现出"文化及如何成为"文化"是从现实中把握"文化"的前提。[②] 在对深度学习中的文化要素及文化关系阐释后，还需要对深度学习存在、发生及促进等方面的内在机理进行把握。对人类深度学习的发生、影响因素及促进策略等方面涉及的神经因素阐述，可洞察深度学习作为特殊文化活动的内在机理。[③]

（一）深度学习中学习类型的神经机理

在人类的学习中，不同的学习场景涉及到多种学习基本类型，如运动学习、感知学习、观察学习和习惯学习等类型。[④] 深度学习一方面是由诸多基本的学习类型综合而成，另一方面不同类型学习的深度状态在神经机制上既有差异之处亦有共享的神经机制。以下对视觉学习、习惯学习和技能学习三种类型的深层次学习神经机制进行具体分析。

人们通常认为纯粹视觉形式的学习是较低层次的学习认知加工方式，但通过改变学生视觉学习方式的训练模式，发现其初级视觉皮层有视觉感知学习转移的激活效应，揭示了视觉感知学习也有可能迁移到抽象概念的学习模式。[⑤] 由此可见，决定学习者是否能深度学习的并非特定的学习方式，使用特定策略引导其往高阶认知加工模式发展尤为重要。在约束性的学习条件下也有可能产生高阶的认知效果，进而催发学习者深度学习的进程。对于同一种学习方式，当通过不同的训练模式对其激活时，同样可产生深度学习效果。人类复杂触觉、视觉及听觉等方

---

① 张玉孔、郎启娥、胡航等：《从连接到贯通：基于脑科学的数学深度学习与教学》，《现代教育技术》2019 年第 10 期。

② 李鹏程：《当代文化哲学沉思》，人民出版社 1994 年版，第 176 页。

③ 注：从神经科学把握人类学习活动有助于深化对深度学习的认识，黄甫全教授等提出了包含社会媒介、符号媒介、生理媒介及文化媒介的文化媒介作用模型，并指出文化媒介作用是需要通过社会活动、符号活动及神经活动之间的交互方能达成（参见黄甫全、李义茹、曾文婕等：《精准学习课程引论——教育神经科学研究愿景》，《现代基础教育研究》2018 年第 1 期）。为此，需要将深度学习的神经因素作为广义深度学习文化要素的组成部分进行综合分析。

④ National Academies of Sciences, Engineering, and Medicine. *How people learn II*: *learners*, *contexts*, *and cultures*, Washington: National Academies Press, 2018, pp. 35 – 38.

⑤ Wang R., Wang J., Zhang J. Y., et al., "Perceptual learning at a conceptual level", *Journal of Neuroscience*, Vol. 36, No. 7, 2016.

面神经区域均具有基本的空间推理能力，如复杂视觉方面的神经区域可有效地进行非视觉方面的任务。① 为此，促进学习者深度学习并非局限于某种形式的学习，而是取决于学习者在何种方式上对其进行适应性调节。

对于学习者而言，技能方面的深度学习是常见学习目标。在学习者需通过深度学习活动以掌握 21 世纪能力的过程中，知识和技能的迁移是关键。② 技能深度学习相较于知识深度学习而言涉及的要素更复杂，但其模式具有一定共通处。技能学习与知识学习均涉及不同的神经网络分布及连接变化，这个机制已被学者们通过脑电图测量方式初步确定。③ 与先验知识类似，技能深度学习亦需有相关基础。当学习者拥有一定的技能基础时，更有利于其学习与之有关联的新技能。

人际技能、自我发展技能及认知技能均需通过深度学习的形式促进生成。④ 学习者对新技能的掌握程度体现了深度学习的结果。学习者对新技能的深度学习依赖于在特定技能内容上通过对特定形式的操作、练习及实践，形成可迁移并可熟练应用的行动系统。脑内神经网络结构及神经元群体活动模式差异会影响技能的深度学习，学生技能深度学习与知识深度学习的发生均需要通过神经元群分布、连接及活动机制作为支撑。在技能学习过程中，不同技能涉及到的神经网络结构不一致，与已有技能相关联的新技能更容易习得。⑤ 为学习者安排循序渐进的技能学习过程，可使学习者在其能力圈范围内逐步建立起技能基础，有序地掌握所需复杂技能系统中的行动要领，促进学习者在技能方面获得理想的深度

---

① National Academies of Sciences, Engineering, and Medicine. *How people learn II*: *learners*, *contexts*, *and cultures*, Washington: National Academies Press, 2018, pp. 60 – 61.

② 佩利格里诺、希尔顿、沈学珺：《运用深度学习提高 21 世纪能力》，《上海教育科研》2015 年第 1 期。

③ Peter C., Hogen M., Kilmartin L., et al., "Electroencephalographic coherence and learning: distinct patterns of change during word learning and figure learning tasks", *Mind Brain and Education*, Vol. 4, No. 4, 2010.

④ 孙妍妍、祝智庭：《以深度学习培养 21 世纪技能——美国〈为了生活和工作的学习：在 21 世纪发展可迁移的知识与技能〉的启示》，《现代远程教育研究》2018 年第 3 期。

⑤ Sadtler P. T., Quick K. M., Golub M., et al., "Neural constraints on learning", *Nature*, Vol. 512, No. 7515, 2014.

学习结果。此外，技能学习需重视迁移应用及长期增强，以达成更深层的学习效果。

习惯学习是不需要太多知识的"知识缺乏"学习模式，在耗费大量注意力所形成的习惯后，可释放出更多注意力资源给需要更高认知资源的任务。[①] 要使学习者持续获得预期的深度学习结果，那么促使学习者形成特定的学习习惯相当重要，它可以使学习者的相关思维及行为更流畅。在学习者的习惯形成过程中，注意机制及感知处理机制尤为关键。学习者大脑中的直接和间接基底神经节通路是习惯学习的重要神经基础。[②] 通过有意识地引导学习者在学习过程中注意到不同知识内容间的联系、深层次思考价值及迁移应用的过程，可以调动认知功能促进习惯的形成。目标导向学习系统涉及眶额皮质、背内侧纹状体和背外侧纹状体等大脑神经区域，在特定情况下可转向习惯学习系统。[③] 在学习者深度学习习惯尚未形成时，可先行通过目标导向的学习机制引导其实施批判性思考、主动性认知及高层级精神资源投入等深度学习相关的行为，以渐进地获得思维及行为习惯。

（二）深度学习中学习支持的神经机理

学习者的成功学习需要对所涉及的认知过程进行整合及协调。[④] 在学习者的深度学习过程中，往往需要学习者投入较高的认知成本。学习者在深度学习中所采取的批判性反思学习方式，往往需要耗费学习者较高的认知资源。[⑤] 这在某种程度上意味着学生采取深度思考、深度理解及深度迁移的方式时，需要动用大量的大脑信息处理资源。在学习者学习过程中，大脑背内侧和外侧额叶皮质中的活动使其倾向于选择预期认知成

① National Academies of Sciences, Engineering, and Medicine. *How people learn II: learners, contexts, and cultures*, Washington: National Academies Press, 2018, pp. 39 – 41.

② Carol A. S., "Corticostriatal foundations of habits", *Current Opinion in Behavioral Sciences*, No. 20, 2018.

③ Gremel C. M., Costa R. M., "Orbitofrontal and striatal circuits dynamically encode the shift between goal-directed and habitual actions", *Nature Communications*, No. 4, 2013.

④ National Academies of Sciences, Engineering, and Medicine. *How people learn II: learners, contexts, and cultures*, Washington: National Academies Press, 2018, pp. 69 – 70.

⑤ 刘哲雨、郝晓鑫、曾菲等：《反思影响深度学习的实证研究——兼论人类深度学习对机器深度学习的启示》，《现代远程教育研究》2019 年第 1 期。

本较低的路径。[1] 认知成本的存在使学习者在有意或无意中避免选择耗费较高认知成本的深度学习方式，倾向选择认知需求较低的学习路径。由于大多数学习者在学习过程中会无意识地避免投入过多的认知成本及精神努力，使得深度学习的发生并非易事。

由于认知成本的存在，与采取新的学习策略相比，学习者更有可能选择惯用的学习策略，即使该学习策略并非该学习任务的最优解。通过事件相关电位实验分析发现，由于问题编码更为便捷同时利于激活问题处理神经规则回路，学生在处理不同类型问题时，更倾向于选取同质的问题解决策略。[2] 由于学习者关于问题处理的神经规则回路已经初步成型，假如学习者习惯使用浅层式学习模式，在尝试启动深度学习时则面临较大的学习方式转换困难。

除了进行高阶学习方式需要学生投入较多认知成本外，学习者处理高难度的学习材料同样需要耗费较高的认知资源。对于抽象性的图表、概念及知识点等需要较高学习处理能力的学习内容，学习者的大脑 P3b 成分活动更为活跃，说明需要学习者投入较高的认知成本。[3] 对复杂性学习内容的预处理可在某种程度上降低其认知成本，使学习者在采取深度学习方式时的认知投入能够更高效地转化为认知产出。此外，对于单线程的学习内容处理而言，多线程的学习内容处理会引发特定的神经资源竞争，导致学习效果下降。例如，学生阅读及听力均共享左前颞叶和左角颅的神经机制，同时要求学习者进行两种形式的学习处理会导致神经资源间的竞争，降低学习效率。[4] 在强调深度学习中的多维感知及多维交互形式时，需避免使用导致认知资源利用竞争的学习方式而阻碍深度学

---

① Nagase A. M., Onoda K., Foo J. C., et al., "Neural mechanisms for adaptive learned avoidance of mental effort", *The Journal of Neuroscience*, Vol. 19, No. 9, 2018.

② Taillan J., Dufau S., Lemaire P., "How do we choose among strategies to accomplish cognitive tasks? Evidence from behavioral and event-related potential data in arithmetic problem solving", *Mind Brain and Education*, Vol. 9, No. 4, 2015.

③ Leeuwen T. H. V., Manalo E., Meij J. V. D., "Electroencephalogram recordings indicate that more abstract diagrams need more mental resources to process", *Mind Brain and Education*, Vol. 9, No. 1, 2015.

④ Bemis D. K., Pylkkänen L., "Basic linguistic composition recruits the left anterior temporal lobe and left angular gyrus during both listening and reading", *Cerebral Cortex*, Vol. 23, No. 8, 2013.

习的发生。

人类的学习并非单纯地存储知识，而是根据学习者的经验和体验编码构建记忆记录。① 学习者的记忆无疑是深度学习的基础，而在构建学习者的记忆过程中建立新的联系的思考、联想及创造性思维尤为重要。学习者主动进行相关的思考、联想及预测能够促进其对学习过程的参与，提高记忆编码及检索效果，提升其在未来展现的迁移能力。学习者围绕有挑战性的学习主题探索过程中展开的想象及预测，一方面是其积极投入的表现，有利于增强其记忆；另一方面可思考未发生的现象，提升其模拟未来情境的能力。这一过程与情景记忆及前景预测能力密切相关，主要依赖大脑海马和额极等区域的激活。② 引导学习者对学习内容涉及的情境进行积极联想与整合，建构个人的知识图谱并评估未来的应用场景可支持其深度学习的发生。

创造性思维、批判性思维及反思性思维等能力均是深度学习的目标指向。③ 在引导学习者进行深度学习过程中，需要有意识地培养学生的创造、反思及批判思维。其中，创造性思维的培养需要强化学生在深度学习中主动进行创造性思考的过程。学生在课堂中的主动认知需要教师建构有意义的教学情境，促使学生投入到学习行动中，以激发创造性思维的生成。学生在进行创造性思维过程时，额叶脑区域及顶叶皮质区域的 α 波段同步活跃，而这些区域的神经活动与主动认知过程有关。④ 教师在学生深度学习过程中合理地引导学生对所学内容进行主动建构、思考及转化等主动认知方面的探索，可有效激发其大脑相关区域的活跃性，支持学生深度学习的发展。

学生的专注力及注意力对其深度学习过程支持有重要影响，学生学

① National Academies of Sciences, Engineering, and Medicine. *How people learn II*: *learners, contexts, and cultures*, Washington: National Academies Press, 2018, pp. 73 – 75.

② Prabhakar J., Coughlin C., Ghetti S., "The neurocognitive development of episodic prospection and its implications for academic achievement", *Mind Brain and Education*, Vol. 10, No. 3, 2016.

③ 张浩、吴秀娟、王静:《深度学习的目标与评价体系构建》,《中国电化教育》2014 年第7 期。

④ Fink A., Grabner R. H., Benedek M., et al., "The creative brain: investigation of brain activity during creative problem solving by means of Eeg and Fmri", *Human Brain Mapping*, Vol. 30, No. 3, 2010.

习的注意力涉及自我控制与延迟执行意识等心理机制。在课堂教学情境中，师生互动、同伴关系与学习主题等因素均对学生学习注意力有影响。这与了解自己及他人意向的社会认知能力相关，均涉及延髓前额叶皮层的参与，提示可通过刺激引导的方式提高学生专注力。①

学生的学习注意力还与学生的学习投入、学习情绪、学习动机和学习目标等因素有着密切联系，它们具有相辅相成的关系。其中，对学习注意力有较大影响的是学生在学习过程中的情绪。学生的情绪调节将占据大量的大脑信息处理资源，进而可能分散学生的注意力。在不同的学习情绪下，学生学习相同内容所激发的脑诱发电位存在显著差异，说明学生学习认知资源会受情绪调节影响。② 为此，在驱动学生进行深度学习过程中需考虑对学生注意力有引导作用的因素，进而合理设计学生所处在的学习情境，促使学生能够专注于当前学习内容，进入高度参与的学习状态并持续保持学习注意力。

（三）深度学习中学习动机的神经机理

学习者的学习动机是其有意识持续学习的基础。③ 在学习者深度学习中，动机发挥重要影响。对深度学习动机进行探讨，可从学习意义、学习兴趣和学习成就感等维度进行分析与评价。④ 需要充分考虑学习者是否对其学习内容的意义有充分的认识，能否获得相关的成就感及愉悦感。除了学习者对学习内容的积极联想能促进学习动机产生外，还需要探索驱动学习者深度学习信念及动机的其他因素。当学习者对学习过程有较强的动机与信念，其行为驱动神经肽及受体间的活动将显著活跃，从而对其认知过程产生激励。⑤ 学习者学习动机是深度学习过程维持的重要因素，可激发学习者对深度学习的内在需求及目标感，加深其对深度学习

---

① Gilbert S. J., Burgess P. W., "Social and nonsocial functions of rostral prefrontal cortex: implications for education", *Mind Brain and Education*, Vol. 2, No. 3, 2010.

② 杨阳、张钦、刘旋：《积极情绪调节的 ERP 研究》，《心理科学》2011 年第 2 期。

③ National Academies of Sciences, Engineering, and Medicine. *How people learn II: learners, contexts, and cultures*, Washington: National Academies Press, 2018, p. 7.

④ 李玉斌、苏丹蕊、李秋雨等：《面向混合学习环境的大学生深度学习量表编制》，《电化教育研究》2018 年第 12 期。

⑤ Berridge K. C., "Motivation concepts in behavioral neuroscience", *Physiology and Behavior*, Vol. 81, No. 2, 2004.

的积极体验与认识控制。

对预期奖励的感知既影响着学习者日常行为，也影响着学习者学习行为。学习中的间隔性强化及不确定性强化，均对学习者深度学习过程产生影响。学习者会无意识地将其深度学习过程采取的策略与其预期获得的结果联系起来，而且近期有奖励的学习行为更能获得强化。学习者的腹内侧前额活动等大脑区域的活动与学习者获得的真实奖励感知有关，尤其是前外侧前额叶皮质区域的活跃使学习者倾向于选择能获得其感知持久奖励的学习方式。[①] 学习者深度学习过程需要持续感知深度学习带来的预期效果，以克服学习者习惯选择低认知需求的浅层式学习倾向。在学习者面临多个主题学习任务时，要合理对其所需投入的学习精力进行编排，使其确定要进行的深度学习内容目标，并让学生充分意识到学习内容的价值特质。通过对学生面临不同学习主题时的事件相关电位 N2pc 成分测量，发现学习者更快响应其感知到的最有价值的任务。[②] 学习者对学习内容的意义认识及潜在奖励的积极预期，使其在深度学习过程中更能获得参与感、目标感和挑战感，从而优化深度学习进程。

（四）深度学习中知识及推理神经机理

在学习者的生命周期中，其核心的认知资产是推理能力以及累积的知识体系，有效的学习策略则利于促进其存储知识并应用于推理及问题解决。[③] 对于学习者深度学习中知识及推理过程所涉及的神经机理可从先验知识、知识加工与理解和学习策略三个维度着手进行探讨。

学习者深度学习中的任务复杂程度与学生的先验知识有密切关系。在学习者深度学习中，任务复杂程度与其解决问题需要的支持程度、先验知识程度及任务可分析程度等相关，且目标导向及加工策略

[①] Scholl J., Kolling N., Nelissen N., et al., "The good, the bad, and the irrelevant: neural mechanisms of learning teal and hypothetical tewards and effort", *Journal of Neuroscience*, Vol. 35, No. 32, 2015.

[②] Hassall C. D., Connor P. C., Trappenberg T. P., et al., "Learning what matters: a neural explanation for the sparsity bias", *International Journal of Psychophysiology*, No. 127, 2018.

[③] National Academies of Sciences, Engineering, and Medicine. *How people learn II: learners, contexts, and cultures*, Washington: National Academies Press, 2018, p. 6.

均可影响深度学习的发生。① 先验知识对学生后续深度学习的影响有多种神经机制，如神经突触捕获、记忆分配机制及神经元可塑性等机制，其中记忆方面的机制被认为是关键。过去的学习经验不仅能影响后续学习效果，还能影响后续学习所需要的时间。非神经突触形式的记忆痕迹在特定的情况下对学习的启动有重要影响。② 可见，学习者深度学习能否顺利启动与其先验知识有密切联系。然而，学习者已经掌握的内容结构也可能阻碍其深度学习的发生，表现为知识偏见。特别是当学习者要深度掌握的内容与其已有先验知识不一致的时候，更有可能发生阻碍情况。学习者基于先验知识对学习内容进行编码、合并及检索，可促使新知识与新技能的产生，但这仅是在学习者要学习的知识与其拥有的知识及技能储备相一致的情况下才能发生。先验知识的存在使得学习者学习过程由大脑内侧颞叶处理转向大脑新皮质的记忆生成过程。③ 在学习者深度学习启动过程中，学习者先验知识的差异会决定大脑的相应激活区域差异。

除了先验知识激活外，知识加工也是教学中学生深度学习的重要环节。在翻转课堂中，学生深度学习过程包含了学习反思、知识加工以及知识激活等十个环节。④ 相对于简单重复的学习，学生有意识地对知识进行提取、加工和整合时能调动更多脑区，有利于加强记忆，从而使其学习效果更好。当学生进行包含知识加工过程的提取学习时，脑区激活范围更大，使得记忆效果更好。⑤ 知识加工对学生深度学习而言是基础性环节，它决定了学生是否能采用深度学习的方式。当学生进行深度知识加工过程时，皮层下结构脑、颞叶及前额叶等相应大脑区域也会被激活。

---

① 刘哲雨、王红、郝晓鑫：《复杂任务下的深度学习：作用机制与优化策略》，《现代教育技术》2018 年第 8 期。

② Parsons R. G. , "Behavioral and neural mechanisms by which prior experience impacts subsequent learning", *Neurobiology of Learning and Memory*, No. 154, 2018.

③ Shing Y. L. , Brod G. , "Effects of prior knowledge on memory: implications for education", *Mind Brain and Education*, Vol. 10, No. 3, 2016.

④ 姚巧红、修誉晏、李玉斌等：《整合网络学习空间和学习支架的翻转课堂研究——面向深度学习的设计与实践》，《中国远程教育》2018 年第 11 期。

⑤ 梁秀玲、李鹏、陈庆飞等：《提取学习有利于学习与记忆的认知神经基础》，《心理科学进展》2015 年第 7 期。

　　理解和因果推理均属于学习者推理能力的重要类型。[①] 对于学生深度学习而言，理解无疑是其核心要素。深度理解是深度学习的基础，学生对学习的理解水平影响深度学习是否实现。[②] 为此，理解对于深度学习而言是基本性的，当学生理解学习问题后，其启动深度学习的行为就会变得相对简单。对数学教学中案例学习和言语指导式学习两种情况下学生大脑激活区域的差异进行研究，可发现学生在案例学习中，前额叶和顶叶大脑区域显著活跃，而在言语指导下，负责运动和视觉的大脑区域显著活跃。但是在学生理解所学问题后，两种情况下学生大脑的激活模式趋向一致。[③] 因此，无论采取何种教学方式，理解对于学生深度学习启动而言都是核心要素，将会直接影响学生大脑的相同区域激活状态。

　　与理解相反的误解时常存在于学生的学习过程中，从而妨碍了学生进行深度学习。专业人员和初学者在分析错误电路时大脑激活方式存在差异，专家更倾向于抑制容易导致误解的大脑区域，而初学者无法有效抑制从而产生错误回答。[④] 促进学生深度学习的发生既要使其对学习内容有足够的理解，也要使其能够分辨并消除容易导致误解的认识。深度学习在其身体中的变化表现为部分大脑区域被激活，而容易造成误解的部分大脑区域则被抑制。

　　学习者的学习策略是否有效取决于学习目标、学习内容性质和先验知识等影响因素。[⑤] 学习策略的有效性因人而异，且学生采取的学习策略决定了深度学习能否有效发生。学习者在深度学习中使用不同的学习策略，会明显影响深度学习涉及的各项能力要素，如元认知能力及问题解

[①] National Academies of Sciences, Engineering, and Medicine. *How people learn II*: *learners*, *contexts*, *and cultures*, Washington: National Academies Press, 2018, p. 74.

[②] 刘丽丽、李静:《理解视角下的深度学习研究》,《当代教育科学》2016 年第 20 期。

[③] Lee H. S., Fincham J. M., Anderson J. R., "Learning from examples versus verbal directions in mathematical problem solving", *Mind Brain and Education*, Vol. 9, No. 4, 2015.

[④] Massib S., Potvin P., Riopel M., et al., "Differences in brain activation between novices and experts in science during a task involving a common misconception in electricity", *Mind Brain and Education*, Vol. 8, No. 1, 2014.

[⑤] National Academies of Sciences, Engineering, and Medicine. *How people learn II*: *learners*, *contexts*, *and cultures*, Washington: National Academies Press, 2018, p. 106.

决能力等。① 学习者所选择的学习策略关乎其对知识的检索、组织及建构，从而对深度学习的启动有较大影响。

与学业成就相关的学习策略具有促进更深入理解、好奇心和学习意愿的特质。② 其中，类比推理学习策略对学生加深知识的理解及迁移有重要作用，值得重点分析。当学生选择类比推理的学习策略时，学生对相关知识及技能之间的联系理解得更为深入，更有利于其进行高质量的知识与技能迁移。在学生类比推理过程中，特定大脑区域的耦合加强，但其它大脑区域间的连通程度有所降低，呈现出功能性连接的特征。③ 学生使用类比推理策略的前提条件是其大脑发育程度具有了较高的成熟度，这从侧面反映出学生在深度学习时所选择的不同学习策略需要具备特定的生理基础。对于面向低学龄学生的课堂教学中，过分强调采取类似需要发育成熟大脑所支撑的类比推理学习策略以达到深度学习效果的方法并不可取。

（五）教学中深度学习促进的神经机理

评估、支持学习者主动学习及有目的地设计学科教学促进学习者理解是促进课堂内的学生学习的重要主题。④ 对于课堂教学中深度学习促进策略的神经机理探讨，可从促进教学中深度学习的安排设计、教学方法及评估反馈三个方面相关神经机理展开分析。

在课堂教学中，学生学习内容的选择对于深度学习效果的获得具有重要影响。强调学习内容整合、批判理解等学习要素，是深度学习的重要特征。⑤ 学生的学习内容特征对学生能否厘清所需要深度加工的内容结构，建立不同学习内容间的有机联系有重要影响。为此，需要在课堂教学中合理地安排学生容易转化吸收且蕴含着特定教育价值的教学材料。

---

① 王靖、崔鑫：《深度学习动机、策略与高阶思维能力关系模型构建研究》，《远程教育杂志》2018 年第 6 期。

② Hattie J. A. C., Donoghue G. M. "Learning strategies: a synthesis and conceptual model", *NPJ Science of Learning*, No. 13, 2016.

③ Vendetti M. S., Matlen B. J., Richland L. E., et al. "Analogical reasoning in the classroom: insights from cognitive science", *Mind Brain and Education*, Vol. 9, No. 2, 2015.

④ National Academies of Sciences, Engineering, and Medicine. *How people learn II: learners, contexts, and cultures*, Washington: National Academies Press, 2018, p. 8.

⑤ 安富海：《促进深度学习的课堂教学策略研究》，《课程·教材·教法》2014 年第 11 期。

学生在面临不同的教学材料时，其大脑加工的机制有所不同。生动、详细及情景性的学习内容可保持在学生的大脑海马体之中，而陈述性的知识内容通常保留在大脑皮层之中，这些大脑皮质间的连接随着时间而弱化，导致记忆痕迹的减弱。[①] 教师有意识地提供有生动知识意义、深刻情景体验及丰富认知内涵的教学材料可使学生在深度学习过程中更易产生内在的认知联系，在深度理解、实践及反思的基础上获得可迁移应用的良好深度学习结果。

　　在课堂教学情境下驱动学生深度学习发生的学习策略中，有一些促进学生深度学习发生的普适性策略。教师在教学中通常强调学生要调动多个身体器官参与学习，这种学习策略能够增加学生对学习的投入度，为学生深度学习的发生提供条件。在学生的学习过程中，其处理图像的大脑机制与处理语言交互的大脑机制并不一致，当学生采取言语学习及视觉学习相结合的学习策略时，大脑处理学习信息的性能相应加强。[②] 为此，丰富的教学设计更有可能触发大脑高质量地进行学习信息处理，从而使其加快启动深度学习的过程。

　　值得注意的是，深度学习是长期的、缓慢的且复杂的学习过程。不少课堂教学中存在着求快、求量和求难的情况，导致学生浅层式学习普遍存在，难以步入真正的深度学习。[③] 学生深度学习的过程以及理想结果的产生需要诸多的触发前提。对于多数学生而言，难以快速地达到深度学习的状态并迅速形成深度学习的习惯。学生学习过程需要大脑中特定的神经元进行连接与重组，这些神经元通常有相对稳定的连接模式。学生学习需要由多个神经元集群的协调活动所驱动，并依靠神经元群体活动的改变而达到学习效果，但其在短期内难以完成大规模的神经重塑。[④] 为此，在推动学生走向深度学习的过程中，需要给予学生充分的深度认

　　① Wenger E., Lövden M., "The learning hippocampus: education and experience-dependent plasticity", *Mind Brain and Education*, Vol. 10, No. 3, 2016.

　　② Horvath J. C., "The neuroscience of powerpoint TM", *Mind Brain and Education*, Vol. 8, No. 3, 2014.

　　③ 陈静静、谈杨：《课堂的困境与变革：从浅表学习到深度学习——基于对中小学生真实学习历程的长期考察》，《教育发展研究》2018 年第 Z2 期。

　　④ Golub M. D., Sadtler P. T., Oby E. R., et al., "Learning by neural reassociation", *Nature Neuroscience*, No. 21, 2018.

知及深度加工时间，让其在具体的学习环节、内容和主题中有足够的体验、思考及批判空间。

　　学生深度学习的理想结果获得除了需要长时间的学习经历外，在此过程中进行多次的训练也相当重要。通常而言，学生在面临多重学习任务时，其深度加工处理能力往往有所下降，但经过长时间高频次的训练后，可提高学生同时处理多学习任务的能力。学生的大脑中前额叶皮层在多次训练后可以将前额叶细胞分离成可独立处理特定任务的神经元集群，并可减少不同任务之间的相互干扰。[1] 学生在特定学习情境中多次训练同时解决多任务的问题，可使其大脑中的神经元网络发生特异性变化，从而支撑理想的深度学习结果产生。但神经重塑难以在短期内进行，短期集中式学习训练并不能取得较好效果，而具有固定时间间隔的训练或不定时间间隔的训练可使得学生获得更好的深度学习效果。这主要源于学生学习涉及到神经元信号级联动力学、树突状脊柱重塑和转录协同作用。[2] 为促进学生获得预期的深度学习效果，应采取多次训练及间隔训练的策略。

　　教学情境中的学生深度学习过程离不开教师引导。学生深度学习的发生过程需教师的自觉引导。[3] 教师引导方式的差异会影响学生深度学习的过程效果，其中，对学生学习准备状态尤其是知识状态有充分的了解、及时反思自身的课堂教学情况，以及加强学生的主动认知等方面是教师在教学中引导学生达到深度学习状态的重要条件。学生已有的知识、技能和情感等方面的储备是学生进行深入建构的基础，决定了学生深度学习过程中的同化及顺应环节质量。教师在课堂教学中对学生的知识储备及学习状况了解得越充分，其在教学中所采取的引导方式就越有可能符合学生的深度学习需求，则越有助于维持学生深度学习过程。

　　此外，教师还需要识别学生是否具备进入深度学习的状态，这将影

---

　　① Dux P. E., Tombu M. N., Harrison S., et al., "Training improves multitasking performance by increasing the speed of information processing in human prefrontal cortex", *Neuron*, Vol. 63, No. 1, 2009.

　　② Smolen P., Zhang Y., Byrne J. H., "The right time to learn: mechanisms and optimization of spaced learning", *Nature Reviews Neuroscience*, Vol. 17, No. 2, 2016.

　　③ 崔允漷：《指向深度学习的学历案》，《人民教育》2017 年第 20 期。

响学生对于非良构知识、复杂性问题及抽象性概念等高阶任务的深度学习效果。学生的学习准备状态与其大脑学习信息处理能力及记忆生成速率有密切关系，且其学习状态并不稳定。通过功能性实时神经影像发现，海马旁皮质的激活状态决定了学生在学习情境中的整体状态，源于其是记忆生成必不可少的大脑区域。[①] 教师在教学中需及时观察并调整引导策略，使学生有意识地优化学习准备状态，并针对学生学习状态变化而改变教学任务及策略，以优化学生深度学习进程。

教师能否有效地反思自己的课堂教学，也是影响学生深度学习过程的关键因素。教师在课堂教学中的反思效果，一方面与其自身的专业发展素养有关，另一方面与其在课堂中采取的教学模式及策略有关。教师在提高自身专业素养及专业技能的过程中，可加强自身对课堂教学的反思能力。例如，通过对职前教师在教学专业培训前后实施反思任务时的 α 波段脑电图活动进行对比，发现这些教师枕骨部位 α 波段能量增加，反思能力较强的教师表现得更为明显。[②] 可见，教师的专业发展对其课堂教学中的反思能力有直接影响，可体现在教师的大脑活动模式改变上。在课堂教学中，教师及时察觉自身的教学状态、提升与学生的互动频率及质量以及达到教与学的同步等方面，均对促进学生深度学习过程产生影响。教学中学生颞叶前部的脑活动状态与教师颞顶联合区的脑活动状态同步时，更能取得良好的教学效果。[③] 这些脑区的活动分别与学生知识认知、教师的教学预测以及反思有关，说明教师恰当的教学反思与教学引导对学生深度学习过程有促进作用。教师可基于教学反思，进而积极创设有利于学生深度学习的教学情境。

在学生学习中及时给予个性化与高质量的反馈，有利于学生持续优化学习过程。无论是直接给予学生的学习反馈还是通过师生交互形式间

---

① Yoo J. J., Hinds O., Ofen N., et al., "When the brain is prepared to learn: enhancing human learning using real-time FMRI", *Neuroimage*, Vol. 59, No. 1, 2012.

② Rominger C., Reitinger J., Seyfried C., et al., "The reflecting brain: reflection competence in an educational setting is associated with increased electroencephalogram activity in the alpha band", *Mind Brain and Education*, Vol. 11, No. 2, 2017.

③ Zheng L., Chen C., Liu W., et al., "Enhancement of teaching outcome through neural prediction of the students' knowledge state", *Human Brain Mapping*, Vol. 39, No. 7, 2018.

接指向的学习反馈，均是影响学生进行深度学习过程的重要因素。^① 学生在深度学习过程中的学习反馈包括其自身对学习内容的价值与意义感知、正式的学习测试，以及学生对深度学习过程带来直接及间接奖励的预期等。多种形式的学习反馈是维持学生深度学习过程的关键因子，促使学生在深度学习过程中充分调动脑力资源及对深度学习过程充满积极的信念。

学习测试可使学生有意识地将精力集中于需要测试的学习内容上，对相关内容进行更深入的加工、思考和迁移。与无需测试的学习内容相比，学生在学习需要进行测试的内容时，大脑的激活范围更广泛，其中包括对成功预期编码的左侧前额皮层和海马区。^② 学生在深度学习过程中需要进行适当的形成性评价，通过反馈的形式加强学生对自身学习的元认知及学习动机，使其增加深度过程中的学习投入。在学生深度学习过程内驱力不足的情况下，适度的正式测试可以通过动机、目标、情感和压力等中介因素催化学生深度学习的发生。

学生采取积极的学习行动，是其获得有意义的深度学习过程的前提。正式测试通常与潜在奖励有联系，当学生感知其所进行的深度学习过程会带来预期奖励，就更有可能采取深度认知模式进行学习。在带有预期奖励反馈的学习过程中，学生的前扣带皮层及中脑血氧水平会阶段性增加。^③ 学习测试及其潜在的奖励机制对学生深度学习过程有重要影响，这不仅改变了学生对所需要学习内容的态度、策略及目标，也影响着其元认知的形成、监控与调节，对学生深度学习过程产生正面作用。

（六）终身发展中深度学习的神经机理

学习过程会因为学习者的生命周期而发生变化，一些学习障碍可能对其一生学习产生影响。^④ 学习者在不同的发展阶段所涉及的深度学习过

---

① 颜磊、祁冰：《基于学习分析的大学生深度学习数据挖掘与分析》，《现代教育技术》2017 年第 12 期。

② Liu X. L. , Liang P. , Li K. , et al. , "Uncovering the neural mechanisms underlying learning from tests", *PLoS One*, Vol. 9, No. 3, 2014.

③ Marco-Pallarés J. , Müller S. V. , Münte T. F. , "Learning by doing: an FMRI study of feedback-related brain activations", *Neuroreport*, No. 14, 2007.

④ National Academies of Sciences, Engineering, and Medicine. *How people learn II: learners, contexts, and cultures*, Washington: National Academies Press, 2018, pp. 197 – 198.

程与预期的深度学习结果既存在共性，也存在一定差异。此外，学习者的学习障碍对其终身深度学习存在较大影响。为此，对不同阶段深度学习神经机理差异、不同阶段深度学习能力变化以及学习障碍与改善进行简要探讨，有助于了解终身发展中深度学习的神经机理。

不同时期学习者深度学习所涉及的神经机制会有所不同，以学习者的阅读为例，儿童进行阅读时的脑区激活与成人进行阅读时的脑区激活存在差异。儿童在阅读过程中，左侧枕颞沟更为活跃。[①] 而成人在阅读过程中，左侧腹侧枕颞和左背侧前中部区域更为活跃。[②] 再如，由于不同发展阶段的学习大脑发育情况不一样，同样的反馈学习方式对不同时期的学习者脑区激活情况有所差异。对成人给予学习的负反馈后，其侧前额叶皮层和上顶叶皮层更为活跃，但对于 11—13 岁儿童给予学习的负反馈后，这些区域没有异常活跃。[③] 可见，针对不同发展阶段的学习者，应促使其采取与之相适合的深度学习策略，而非一刀切地强调高阶思维以及深层认知等方面的深度学习模式。总体而言，在培育学习者深度学习习惯上呈现越早培育越好的规律。当学习者学习规则神经回路趋向固定时，难以在短期内使其进行神经重塑。为此，从小学阶段课堂教学开始，就需注重学习者的深度学习习惯，以使其在后续阶段的学习中更易于获得深度学习结果。

除了教师有意识引导学习者进行知识间联系及将知识迁移到新的问题情境应用外，学习者自身的大脑发育情况也可以促进知识间的联系及知识迁移的过程，从而产生深度学习的效果。对儿童负责心理表征的下顶叶区域和在整合输入信息中发挥核心作用的外侧前额叶皮质在不同时期的发展情况进行监测，发现负责简单心理表征的脑区激活随着年龄增

---

① Borst G. , Cachia A. , Tissier C. , et al. , "Early cerebral constraints on reading skills in school-age children: an MRI study", *Mind Brain and Education*, Vol. 10, No. 1, 2016.

② Martin A. , Schurz M. , Kronbichler M. , et al. , "Reading in the brain of children and adults: a meta-analysis of 40 functional magnetic resonance imaging studies", *Human Brain Mapping*, Vol. 36, No. 5, 2015.

③ Anna C. K. , Serge A. R. B. , Maartje E. J. , et al. , "Crone evaluating the negative or valuing the positive? Neural mechanisms supporting feedback-based learning across development", *The Journal of Neuroscience*, No. 38, 2008.

加而减少，负责关系整合的脑区激活随着年龄增长而不断增强。① 关系整合能力是深度学习的重要组成要素，由此可见学习者的深度学习能力及结果获得也与其发育阶段有密切联系。随着学习者年龄的增长，更有可能表现出较强的深度学习能力，需根据不同学龄的学习者发展情况而制定相应深度学习实施及评价方案。对于深度学习所指向的深层理解、高阶思维及迁移应用等核心要素，需具体转化为学习者不同发展阶段的深度学习实践要求，以保障学习者获得理想的深度学习效果。

不同的学习者个体对同样的学习内容掌握情况会因其神经基础而有差异，从而导致不同学习者在相同教学情境与教学引导方式条件下，深度学习的结果有所不同。一些源自于神经结构及功能的学习障碍倘若得不到改善，会严重影响学习者的终身深度学习。常见的学习障碍包括书面表达、数学及阅读等方面的学习障碍。② 全球内存在学习障碍的人群基数较大，及时识别这些具有学习障碍者并提供针对性的深度学习改善方案对其进行协助学习，是促进学习障碍者深度学习的有效方法。

以深度学习概念最初提出时使用的阅读测试为例，学习者在阅读过程中会引发中下额叶皮层及颞顶叶区域等神经结构网络的激活，在快速自动命名测试中有困难的学习者在阅读时也遇到障碍。③ 这些生理基础决定了学习障碍者阅读能力的整体水平较低，使得学习障碍者在阅读方面的深度学习结果呈现较大不同。然而，对于某些阅读有困难的学习者，在确定影响阅读的神经机制后，可针对性地设计适合这些学习者的学习材料，优化他们的深度学习效果。如有学者针对学习者阅读时涉及的神经回路，设计了更简化的正字化阅读材料，有效地促进了问题学习者的阅读效果。④ 从神经机制出发，一方面可以发现影响学习者对学习内容的

---

① Wendelken C., O'hare E. D., Whitaker K. J., et al., "Increased functional selectivity over development in rostrolateral prefrontal cortex", *The Journal of Neuroscience*, Vol. 31, No. 47, 2011.

② National Academies of Sciences, Engineering, and Medicine. *How people learn II：learners, contexts, and cultures*, Washington：National Academies Press, 2018, pp. 204 – 205.

③ Misra M., Katzir T., Wolf M., et al., "Neural systems for rapid automatized naming in skilled readers：unraveling the ran-reading relationship", *Scientific Studies of Reading*, Vol. 8, No. 3, 2004.

④ Wolf M., Barzillai M., Gottwald S., et al., "The Rave-O intervention：connecting neuro-science to the classroom", *Mind Brain and Education*, Vol. 3, No. 2, 2010.

深层理解的神经机理问题，另一方面也可以针对这些神经机制科学地提供适切的学习内容，使得有学习障碍的学习者也可以获得较好的深度学习结果。

第二节　深度学习中的文化关系

从文化交往关系的角度去考察深度学习的文化活动具有重要意义。内在行为规范及外在活动行为两种基本交往形式组成的交往文化，是文化的一种现实状态。① 人类学习通常需要通过交往及互动的形式进行，这种交往和互动不仅仅影响了学习者的认知增长，还能对其大脑发育产生影响。② 从这个角度看，交往文化蕴含于人类学习之中，交往机制是深度学习文化过程的重要基础。在深度学习的文化活动之中，存在着多对相互作用的活动关系，这些活动关系对深度学习的发生及持续有促进作用。

一　深度学习的交往关系

一切学习均是在特定具有人际交往与社会交往特性的情境中发生，参与、活动、模仿、经验、传递及感知等都是学习者常见的学习互动形式。③ 学习者的深度学习通常发生在学校教学场域及社会场域，与他人、群体的关系联系密切。尤其在课堂教学中，师生的交互对学习者深度学习起到关键作用。在考察深度学习文化交往关系的意义后，需进一步分析深度学习外部文化交往形态和内部文化交往规范。将外界有利于交往发展的文化符号系统地转化为学习者的内生文化素养，是深度学习内部文化交往规范的组成。它与学习者深度学习外在的活动行为一起构成深度学习文化交往关系的主要部分。学习者通过深度学习内部文化交往规范及外部文化交往形态建构自身的学习生命，并获得文化成长。

① 李鹏程：《当代文化哲学沉思》修订版，人民出版社 2008 年版，第 185 页。
② National Academies of Sciences, Engineering, and Medicine. *How people learn II: learners, contexts, and cultures*, Washington: National Academies Press, 2018, pp. 26 – 30.
③ ［丹］伊列雷斯：《我们如何学习：全视角学习理论》，孙玫璐译，教育科学出版社 2014 年版，第 131 页。

（一）深度学习文化交往关系的意义

人类深度学习的文化交往关系是学习者与文化、社会和自然相互作用过程中生成的。文化情境对学习者深度学习具有潜移默化的作用，在特定的文化情境下学习者与人、物进行广泛互动，从而实现社会文化注入的过程。为此，可从情境学习、互动样态、社会嵌入切入分析深度学习文化交往关系的作用。

情境作为文化世界的基本要素，是人与外部文化世界交往的主要载体。在学习理论中，存在认知范式及情境范式两种取向。其中，学习情境范式强调人与文化、社会及自然的相互作用。[①] 人类深度学习蕴含着从学习的认知范式走向情境范式的倾向，其中问题情境是人们对深度学习较为关注的要素。在谈论问题情境时，不应从狭义上理解而将其局限在课堂教学中的问题教学，这样会导致忽略了学习者所处在的广义问题情境，而重新回归到认知范式的老路上。实质上，学习者深度学习中广义的情境是包括其所处在的组织、集体、环境及社会等各种具有文化意义的情境，其中学校课堂是学习者深度学习的重要文化情境。在课堂场域中，学习者与教师、同伴进行密切交往，既是走向深度学习的途径，亦是其深度学习的一部分。在具有批判性及真实性的课堂情境中，深度学习更易于发生并促进。[②] 课堂教学中的交互是学习者获得社会化沟通与交流能力的重要过程。进一步地，通过学习者以交往形式为表征的深度学习活动，课堂教学情境中显性或隐性的文化规则及符号媒介可内化为学习者内在的行为规范和价值准则。

在特定的文化情境中，学习者深度学习活动所表现出的互动形式是多种多样的。学习者对所学习的内容进行深度理解需要通过特定的互动形式，这种互动形式并非固定或单一的，不单纯局限于师生互动，还可包括生生互动、人机互动等多种形式的组合。例如，通过技术工具支持、生生互动及师生互动，可构建出有利于学习者深度学习与主动学习的课堂。[③] 在学

① 姚梅林：《从认知到情境：学习范式的变革》，《教育研究》2003 年第 2 期。
② 阎乃胜：《深度学习视野下的课堂情境》，《教育发展研究》2013 年第 12 期。
③ 杨满福、郑丹：《重构深度学习的课堂——哈佛大学马祖尔团队 STEM 课程教学改革综述》，《教育科学》2017 年第 6 期。

习者深度学习过程中，项目、活动与任务等是常见的交往载体。当学习者涉入这些学习情境时，势必需要进行高质量的互动、探究及交往，从而驱动学习者深度学习。在具体教学实践中，教师可以采取案例研讨等活动形式促进学习者深度学习。① 此外，项目式学习也是催生学习者深度学习的有效形式，学习者可在项目中获得独特的经验，为其在未来的学习情境及工作情境中进行高阶迁移提供基础。在新兴的教育技术支撑下，学习者与技术媒介进行交互，日益成为深度学习中独特的交往形式。由于技术媒介可扮演传统课堂教学中的教学者、内容载体及学习环境等多种角色，使得技术支持下的人机交往形式相当多样。以电子教材开发为例，教师可将深度学习所需的学习共同体构建及问题情境创设等要素融入其中，从而使学习者在与电子教材的交互过程中获得深度学习的体验。② 除了深度学习需要通过互动的形式进行激发外，深度学习还可以通过互动的形式进行"传染"。学习者们在交互过程中倘若能感受到其它人对深度学习的兴奋及潜力，同样会促使其进行深度学习。③

　　学习是嵌入社会文化及学习者文化意义系统建构的过程。④ 促使社会学习及社会化的发生具有重要意义。其中，"个性化—合作"是学习者深度学习过程中社会化的路径之一。⑤ 在社会化进程中，学习者可通过深度学习将外部的行为规范、道德准则和符号概念等内化于心，建构自己的文化认识及行动意向。价值观、情感及思维的生成等，均是学习者通过深度学习将外部文化内化为自身要素的体现，融合价值关怀与知识演绎的内生文化应是学习者深度学习中形式化符号的转化方向。⑥ 在不同发展

---

① 王芳：《用活动引领深度学习》，《中学政治教学参考》2017 年第 17 期。

② 杨琳、吴鹏泽：《面向深度学习的电子教材设计与开发策略》，《中国电化教育》2017 年第 9 期。

③ Fullan M., Quinn J., Mceachen J., *Deep learning: engage the world, change the world*, Thousand Oaks: Corwin Press, 2018, pp. 21 - 30.

④ National Academies of Sciences, Engineering, and Medicine. *How people learn II: learners, contexts, and cultures*, Washington: National Academies Press, 2018, pp. 27 - 29.

⑤ 胡航：《技术促进小学数学深度学习的实证研究》，博士学位论文，东北师范大学，2017 年，第 186—190 页。

⑥ 钱旭升：《论深度学习的发生机制》，《课程·教材·教法》2018 年第 9 期。

阶段的学习者深度学习中,需要采取不同方式使得外部文化交往关系的存在转化为内在的文化内涵,如将社会文化规则转化为学习者个人经验,将道德规范转化为学习者的自身修养,将知识符号转化为内生文化。

(二) 深度学习的外部文化交往形态

在深度学习的外部交往活动中所涉及的方案、策略、模式、标准以及目标等,均是文化"规则"的一种体现。从"规则"入手分析,对探讨人交往文化的社会关系形式有重要意义。① 由于学习者深度学习发生通常在特定的情境、特定的组织及特定的共同体中进行,对特定情境中的深度学习探索需要考虑到其实践共同体或文化共同体,以更清晰地揭示深度学习中的诸多交往形态。学习者深度学习过程需在一定的情境中深度参与、深层探究和深入实践,从而构成深度学习的实践共同体。学习者群体通过这一系列符号化的"规则"保障学习实践共同体的运转,创设深度学习所需要的学习情境及基础。对于弱势群体而言,他们可以通过深度学习进行群体互动,成为解决种族歧视和代际贫困的可能途径。② 通常而言,深度学习共同体多见于正规教育系统。对教育系统进行指向深度学习的整体改革在创建深度学习实践共同体方面有积极意义。

在课堂教学情境中的实践共同体主要由师生组成,师生关系和生生关系是其中的核心关系。师生关系是学习者深度学习活动的存在基础,对话型的师生关系有利于学习者深度学习的生成。③ 当学生通过师生交互的方式促进深度学习实践并获得文化成长的意义时,师生间就组成了深度学习实践共同体。教师通过学习情景创设、个性化学习引导和批判性反思协同等方式,促进了学习者的学习参与以及行动参与,使得学习者可将外界的文化知识网络深度地转化为学习经验,从而使学习者在这个深度学习实践共同体中收获知识、技能及价值认同等要素,并在共同体实践中将其整合。此外,由生生关系组成的学习小组亦是课堂学习中的重要实践共同体,这些实践共同体的存在对学生深度学习有重要的存在

---

① 李鹏程:《当代文化哲学沉思》修订版,人民出版社 2008 年版,第 141 页。

② National Academies of Sciences, Engineering, and Medicine. *How people learn II*: *learners*, *contexts*, *and cultures*, Washington: National Academies Press, 2018, pp. 40 – 41.

③ 俞丽萍:《深度学习视野下课堂互动的优化策略》,《生物学教学》2016 年第 2 期。

意义。

交往关系是这些实践共同体的核心要素，使其成为了深度学习文化交往关系的形式之一。课堂情境中的集体学习相当普遍，通常情况下学习者在老师的统一指引下有序地进行教学内容的学习。然而，集体学习往往由于师生交往关系呈现出"一对多"的形式，学习者难以获得与教师充分交互的机会，其思维难以全面打开，学习情绪得不到充分调动，容易使得学习者陷入被动学习或浅层学习的局面。例如，在儿童采取集体学习活动的过程中，容易出现浅层式学习的倾向。① 无疑，课堂中的集体学习是有不可忽视的优势，它能使学习者的学习更加清晰，营造共同学习的情境氛围，进而促使学习者参与到学习过程中。但学生核心素养培育、迁移能力训练及思考活跃度提升在课堂教学情境的集体学习中有所欠缺。② 为此，集体学习中需要凸显个体学习，才能使得具有差异性的深度学习发生。教师通过充分引导、恰当评价及增加关注可使得学生的思考、批判及迁移程度有所增加，让学习者可积极调动自身的脑力资源进行高阶学习。

在具体的课堂教学模式中，还会涉及主题、任务、活动及规程等要素。如促进学习者深度学习的游戏教学模式就包含这些要素组成的环节。③ 在这些教学模式中，学习者深度学习的发生总是与某些规则或要素相关联，师生在教学与学习过程中对其进行维护、优化及重整有利于创设深度学习的情境，促使学习者达成深度学习状态。然而，在课堂教学中会时常出现非良构问题的情境，寻常课堂教学的"规则符号"难以对学习者深度学习起到促进效果。师生在学习实践共同体中可采取灵活的策略，将稳定的课堂教学模式"盘活"，共同尝试不同的教学方案以构建新的深度学习实践的共同体框架。

（三）深度学习的内部文化交往规范

深度学习的内部文化交往规范是指学习者在深度学习过程中所建构

---

① 徐慧芳：《深度学习对集体活动和区域活动中幼儿使用科学学习方式的影响》，《教育科学》2019 年第 2 期。

② 韩金洲：《让深度学习在课堂上真实发生》，《人民教育》2016 年第 23 期。

③ 潘庆玉：《导向深度学习的游戏沉浸式教学模式》，《当代教育科学》2009 年第 10 期。

的内部思想素养、价值观念及社会规范等文化意义系统，它对学习者解决实际问题过程中的目标、思维、情感和程序均有深刻影响。文化既影响人们的思维、目标和表现，也反映在人们完成任务过程的社交情感及程序方法之上。① 深度学习的内部文化交往规范主要包括学习者社会实践意识型塑与价值规范建构。

学习者可将外部的文化及历史意识转化为内在的社会实践意识，推动学习者自觉的文化探究、继承与创新的过程。有关深度学习原理及原则的线索可为学习转化为实践提供指导。② 学习者的深度学习过程实质上是其对人类历史文化进行深度且系统加工的过程，是学习者内在文化素养形成的过程，为学习者搭建未来文化实践意向的"脚手架"，使其在今后长期的社会交往及社会文化历史实践参与中能有效解决问题与矛盾，获得文化生命的成长。从社会文化的视角对学习进行把握，进而发现学习者在与情境互动的过程中建构起自己独特的文化知识，通过社会协商及参与的形式进行学习。③ 将人类文化不断创造的历史传统内化于学习者的社会实践意识之中并非易事，需要学习者结合社会交往网络，积极参与涉及社会文化认识、传递及创造的实践，建立起学习者与社会文化之间的联系，形成学习者的社会实践意向。

除了认知及技能等方面内容的转化外，价值传递和价值观形成是学习者通过深度学习将外部文化精神与文化价值等转换为内部行为规范的重要组成。价值观转化有其内在规律，往往具有内隐性、自我体悟和日益渗透等特征，实质是学习者深度学习的过程，是学习生命存在的重要体现。触及心灵是深度学习的特性所在。④ 无论学习者进行何种内容的深度学习，必然会涉及各种各样的价值观、行为规范及情感意志等形成过程。这个过程难以觉察，但却对学习者学习生命乃至整体生命都产生深

① National Academies of Sciences, Engineering, and Medicine. *How people learn II*: *learners*, *contexts*, *and cultures*, Washington: National Academies Press, 2018, pp. 226 – 227.

② Fullan M., Quinn J., Mceachen J., *Deep learning*: *engage the world*, *change the world*, Thousand Oaks: Corwin Press, 2018, pp. 51 – 52.

③ 杨刚、徐晓东、刘秋艳等:《学习本质研究的历史脉络、多元进展与未来展望》,《现代远程教育研究》2019 年第 3 期。

④ 李松林、贺慧、张燕:《深度学习究竟是什么样的学习》,《教育科学研究》2018 年第10 期。

远影响。学习者在深度学习并内化价值规范的过程中，外部的情境、条件及文化规则对其内部建构起到了重要作用，一方面影响价值规范及态度情感形成的效果与速率，另一方面也影响了价值规范等形成的内容及维度。尤其当学习者处于复杂变化的、价值噪音干扰大的及与原有价值规范体系所冲突的深度学习情境中，学习者所建构起的内部价值规范就与所预期的相去甚远。

人们要建立系统的且合乎文化逻辑的道德教育系统。① 为此，需要对学习者在社会文化场域所接触到的文化内容进行系统设计。在学校场域及教学场域中需给学习者营造和谐、人文关怀且适宜成长的文化环境，满足其将国家所规定、社会所弘扬及文化所指向的价值体系吸收内化的条件。在课程教学改革中，推动学习者内部价值规范建构需从外部状况优化入手，着力去除干扰学习者不恰当价值体系形成的负面因素，加强利于学习者与预设价值体系充分交互的情境建构。值得注意的是，教育管理者或教师对学习者所预期理解及内化的价值观与学习者本身所持有的价值观并非完全一致，需要注意对价值观偏误的纠正。此外，要将外在学习活动与内在价值规范形成结合起来，使得学习者在沉浸式的文化情境中引发文化知识、文化价值与文化技能等多维度的深度学习。

二　深度学习的过程关系

具备"过程的""动态的"及"结构的"特点的文化世界实在性，均处于人的活动之中。② 整体来看，学习者的深度学习活动有三个重要层次，一是在课堂教学情境深度学习中，学习者在老师的指导及巧妙安排下，促使学习者进行投入学习、深度思考、迁移应用与情感体验等活动，这是学习者在课堂教学中学习生命存在及优化的基础。二是学习者在整体生命中，充分与外部文化世界进行深度交互且体现深度学习特征及效果的活动，从而获得生命的成长与个人的发展，这是学习者终生获得生存及进步空间的必要保障。三是不同群体共同进行着深度学习的行动，改造着所处的整体文化世界，形成人类命运共同体及文化共同体，这里

---

① 李鹏程：《当代文化哲学沉思》修订版，人民出版社 2008 年版，第 147 页。
② 李鹏程：《当代文化哲学沉思》修订版，人民出版社 2008 年版，第 160 页。

的深度学习是人类的高级实践活动，是人进行创造文化活动所必备的实践品质。在这三种层次的深度学习中，分别存在重要的关系，分析这三种层次深度学习的过程关系是把握其文化活动有效的途径。

（一）学习者认知获得与实践迁移一体化

建构学与做的实践桥梁是深度学习的任务。① 在促进深度学习活动的过程中需要重视认知与行动的统一。在传统课堂教学中常常会发现两种极端模式，一种是学生仅是"被动"接受的过程，教师所改变的仅是学生信息接收的状态，学生缺乏积极投入、深层理解、参与体验及行动经历。另一种是过分强调学生进行自主性活动，忽略了所需学习内容的系统性与结构性，学生难以将学习内容贯通并与其原有认知结构整合。这两种模式均是只抓住学习者学习活动的一个片面，而促进深度学习需要将"知"与"行"在课堂教学场域中一体化。

促使学习者产生掌控学习乐趣、提高解决问题技能及参与内容学习需要一系列的策略。② 在促进学习者认知获得过程中，发挥学习者的主体性相对重要。促使学生到达深度学习状态需要实施发挥学习者主体性的教学活动。③ 从而，个体与学习相关的思维、情绪和精神等方面均是处于活跃状态。在具备学习者主体性的教学活动形式下，学习者能够将意识活动与学习活动结合起来，对学习内容和学习交往采取积极的行动。

在反复实践过程中能有效地强化学习者处理类似任务的神经通路。④ 学习者的认知获得需经过实践迁移的方式才能有效强化。从此思路出发，促进课堂教学中的学生深度学习，一方面需帮助学习者建构内容与内容之间的联系和内容与学习者之间的关系，另一方面需在课堂中让学习者进行思维碰撞、推理创造、情境模拟、主动探究、创新操作及加工迁移等实践，使得学生在未来的实践活动中可有效进行知识及技能的迁移。

---

① ［加］迈克尔·富兰、［美］玛丽亚·兰沃希：《极富空间：新教育学如何实现深度学习》，于佳琪、黄雪锋译，西南师范大学出版社 2015 年版，第 46—47 页。

② ［新西兰］哈蒂：《可见的学习：对 800 多项关于学业成就的元分析的综合报告》，彭正梅等译，教育科学出版社 2015 年版，第 184—186 页。

③ 郭华：《深度学习与课堂教学改进》，《基础教育课程》2019 年第 Z1 期。

④ Kitayama S.，Park J.，"Cultural neuroscience of the self：understanding the social grounding of the brain"，*Social Cognitive and Affective Neuroscience*，Vol. 5，No. 2，2010.

"两次倒转"教学模式指出学习者除了吸收人类文化优秀知识成果外，还需要亲身体验其认识的过程。① 这样具有认知获得与实践迁移一体化特性的教学场域，才是学生深度学习发生并可持续的文化环境。

（二）学习者学习提升与生命完善共时化

文化世界的"现实性"意义在于身、心、物一体化动态生成的活动。② 对于学习者深度学习而言，他所进行的不仅仅是学习与认知优化的过程，也是生命成长的历程，更是与外部文化世界交互及生成所感知文化图景的过程。为此，学习者需要体验到深度学习对于自身成长的独特意义和价值，在与社会互动的过程中建立其自身在文化世界中的"节点"。立足生命立场，学习者体验到深度学习对自身在专业发展与社会化进程中的价值和意义后，更有积极性通过深度学习充分发挥自身发展的潜力，推动自身走向持续进步的状态。侧重"深度"的深度学习与关注"宽度"和"广度"的终身学习叠加在一起，可成为学习者终身发展的"引擎"。深度学习所指向的是学习者终身的发展，从而将"学校与社会""学习与生活""当下与未来"等关系连接起来。

人的本性体现在创造文化的活动过程中将其自身塑造为"文化的人"。③ 学习者深度学习的活动动态实在性体现在学习提升和人的发展，成为学习者发展自身的高级行动实践，赋予了学习者生命优化的空间。学习者深度学习的过程中也是发展他们生命中生活的旅程。④ 学习者的深度学习不能仅局限于课堂教学中的学习，而是需要面向其走向社会与生命中整体发展的深度学习。过往不少深度学习探究者及实践者限于自身的专业背景、所处位置和思想观念，将学习者仅作为课堂中的"学习者"，甚至矮化为知识灌输中的"学习者"，严重割裂了学习者与有意义学习的整体获得、生命成长及发展的需求和社会实践与文化创造的实际

---

① 郭华：《带领学生进入历史："两次倒转"教学机制的理论意义》，《北京大学教育评论》2016 年第 2 期。

② 李鹏程：《当代文化哲学沉思》修订版，人民出版社 2008 年版，第 165 期。

③ ［德］卡西尔：《人论：人类文化哲学导引》，甘阳译，上海译文出版社 2013 年版，第 9 期。

④ Fullan M., Quinn J., Mceachen J., *Deep learning: engage the world, change the world*, Thousand Oaks: Corwin Press, 2018, pp. 69 – 71.

之间的关系。对国内外拔尖人才进行系统分析，发现拔尖的社会活动家，如艺术家、企业家和政治家与学校教育并不存在显著相关关系，反而是科学家成就与学校教育存在密切关系。[①] 各行各业的拔尖人才无疑是精通、擅长并习惯于深度学习活动的，可见当前学校教育对培养学术领域的深度学习能力有独特优势，但对社会活动方面的深度学习能力培育有待提高。为此，对学习者深度学习的推进不能仅停留在具体学科教学中的深度学习活动，而是要有意识地培育学习者在整体生命过程中与外部世界进行深度交互及深度学习的能力，使深度学习成为学习者优化自己生命存在的文化活动。

（三）学习者进步与社会文化发展同一化

学习者不仅是课堂上的学习者，还是进行生命发展的活动主体，更是社会的建设者、文化的创造者及世界的重塑者。从此处把握学习者的深度学习活动，就突破了传统深度学习探究停留于课堂教学层面深度学习的狭隘思维，而具有整体文化过程意义。深入参与世界并对世界进行改造不仅是人类的使命，还是深度学习的根本要义。[②] 为此，还有必要对学习者深度学习活动及其与文化世界互动的同一存在性探讨。学习者深度学习的过程实质上是与周遭文化世界深度交互的过程，学习理论长期以来存在社会建构和自我建构两种不同倾向，但深度学习理论的提出较好地综合了这两种理解范式。[③] 从文化实践来看，学习者在深度参与的社会实践中，既改变了其内部的认知、情感与思维结构，也改变了外部的文化世界图景。尽管学习者深度学习的发生场景更多在课堂教学中，但课堂教学也属于文化世界图景的组成部分，表现出的是人类文化的传承和学习者学习的进步。从长远来看，当学习者参与到社会实践中，其"在场"的深度学习活动必将联系到过往"不在场"的课堂教学中的深度学习活动，从而实现学习的"远迁移"。

从文化世界及人类整体发展看待学习者的深度学习，蕴含着强烈的

---

① 叶澜、何晓文、丁钢等：《华东师范大学 60 周年校庆主题论坛》，《基础教育》2011 年第 6 期。

② Fullan M.，Quinn J.，Mceachen J.，*Deep learning：engage the world，change the world*，Thousand Oaks：Corwin Press，2018，pp. 23－24.

③ 温雪：《深度学习研究述评：内涵、教学与评价》，《全球教育展望》2017 年第 11 期。

文化实践性及社会超越性特征。从广泛的视域看人类学习，实质上是人类改造世界与超越自我的活动。① 学习者的深度学习既在特定的文化情境中生成，亦对所处在的文化世界图景有再创造的贡献。学习型社会的提出反映了学习已经是社会转型及发展的不竭动力。学习已成为国家、组织、个体发展的重要选项。② 学习者的深度学习是在学习广阔发展意义的基础上求"深"求"通"，必将成为文化世界改造及社会发展的有力基础。深度学习的文化活动成为人的进步与社会文化发展有机统一的"桥梁"，表现出人通过深度学习趋势发展优化，从而走向进步的理想图景。人的进步及社会文化的发展均指向人的深度学习活动，由此揭示了人类深度学习的深远意义。

通过社会中无数个体前赴后继的深度学习力量，可推动社会及文化快速向前发展。从文化世界创造与社会发展的高度把握学习者的深度学习，既是学习者学以成人的途径，亦是改造社会及文化的道路。人的"共同目标"在于创造"文化世界"与创造人自身的历史。③ 当学习者自发地通过深度学习把自身的发展、社会的进步及文化的创造联系起来时，就能获得更宽广的格局，驱动其进行各种形式创造活动推动自身进步和文化世界的发展。

三 深度学习的规则关系

由于全球的动态性变化及连通性趋势，学习者所处在的是更具有挑战性的世界，在这种情景下学习者需要通过深度学习掌握一系列的全球能力。④ 在动态变化的社会中，学习者深度学习亦是动态性的活动存在，它需要一系列的规则框架来描述学习者深度学习的特质和维度。并且，深度学习的规则框架并非是一成不变，而是需要动态更新。以规则为形

---

① 桑新民：《学习究竟是什么？——多学科视野中的学习研究论纲》，《开放教育研究》2005 年第 1 期。

② 顾明远、石中英：《学习型社会：以学习求发展》，《北京师范大学学报》（社会科学版）2006 年第 1 期。

③ ［德］卡西尔：《人论：人类文化哲学导引》，甘阳译，上海译文出版社 2013 年版，第 9 页。

④ Fullan M., Quinn J., Mceachen J., *Deep learning*: *engage the world*, *change the world*, Thousand Oaks: Corwin Press, 2018, pp. 19 – 21.

态是文化世界形成与优化的基础。① 深度学习的规则动态实在包括了人们在理论探究和实践探索中所建构的模式、模型、框架、策略、路线及指标等各种形式的规则，以使得学习者深度学习能有"规"可循。学习意义是否真实生成、学习是否真实发生是"转变学习方式"的实质。② 由于不同时代不同群体所设定的深度学习规则不尽相同，甚至各执一端，为此应从深度学习的发生、持续及进化的"元规则"层面进行探讨。

（一）课堂教学中的深度学习规则探索

对课堂教学中的深度学习规则进行探讨，首先需认识到不同个体、群体或组织对深度学习的意义建构是复杂多样的。人们对深度学习的内涵解读包含了广义理解、学习结果及学习过程等方面而难以达成一致认识。③ 可见，人们在处理新兴的深度学习概念和已有学习理论之间的关系存在不同的认识。但一线课堂教学是当下持续进行的实践，这就需要教师通过广泛对比不同的深度学习定义后，结合国家要求及实际教学情况，建立课堂教学中学习者深度学习的"规则"。全面性、系统性、整体性的策略是推动深度学习发生的必要前提。④ 深度学习必然是学习者的学习从"浅层"到"深度"的过程，是学习者的学习状态、效果及质量等整体优化的过程。

深度学习是与有效学习密切相连的概念，其创新之处在于有清晰的目标。⑤ 从这一深度学习规则体系进化规律出发，教师就能把握深度学习与其原有教育观念的连接及突破之处。当教师拥有了与学习理论体系相贯通的意识后，对设计并执行课堂教学中的深度学习规则就有系统与科学的认识，指导学习者将新的深度学习规则和已有学习规则，如有效学习规则等结合起来，同时教师自身亦需要将新的深度教学规则和已有教学规则，如有效教学规则进行整合。在某种程度上，深度学习树立了一

---

① 李鹏程：《当代文化哲学沉思》修订版，人民出版社 2008 年版，第 166 页。

② 张广君、李敏：《关于"转变学习方式"的认识误区及其超越——基于生成论教学哲学的理论立场》，《教育发展研究》2017 年第 4 期。

③ 崔允漷：《指向深度学习的学历案》，《人民教育》2017 年第 20 期。

④ 吴永军：《关于深度学习的再认识》，《课程·教材·教法》2019 年第 2 期。

⑤ 冯嘉慧：《深度学习的内涵与策略——访俄亥俄州立大学包雷教授》，《全球教育展望》2017 年第 9 期。

种课堂教学优化的文化意向，它既是一种模式，更是一种理念，所指向的是对教育、教学及学习存在与优化的立场。在此种理念下所建立的课堂教学深度学习规则，就存在着开放性、包容性和变化性。由于不同学习者的个体差异，每个学习者的深度学习状态既有共性也有特性，推动及评价学习者的深度学习相应地需要注重差异。面向不同学习阶段学习者的不同学科教学，不同教师在进行教学时所持的质量观、学习观及知识观亦有差异，但适切性、优质性、发展性和系统性应是建构深度教学规则的方向。

规则可以对不同学习或发展的成功状态进行清晰描述，可以用于对深度学习进行设计、实施及评估。① 课堂教学中的深度学习规则经过长时间探索，业已形成较为稳定的文化规则图景。在深度学习的目标价值取向上，不同组织及群体对课堂教学中学习者深度学习的状态规定、目标达成及更广泛意义上的发展指向所组成的体系作出了不同维度的建构。由这些目标框架出发，人们建构了深度学习的教学模式、教学策略及教学方法。当然，这些教学方面的规则在响应深度学习的主流框架基础上，具有相对性、变化性及多维性。在新兴技术的支持下，新教学场域背景下的深度学习表征形态及促进方式与传统课堂教学中的深度学习规则有所差异。多样化的学习理论视域下所开拓的深度学习模式及模型存在多种形态。具体到学科教学上，因学科内容的差异，人们对这些学科教学中的深度学习模式有多元的理解与把握。在不同的学习者群体上，学者们所建构的深度学习规则也有所不同，尤其是针对大学生的深度学习规则更复杂、多样且丰富，而与中小学生相关的深度学习规则相对稳定和清晰。在评价课堂教学中的深度学习方面亦存在多样的评价模型、多种类型的量表和多种模态的测量方法。总体而言，人们致力于建构课堂教学中各式各样学习者学习优化及趋向深度学习的规则，成为深度学习规则动态实在性的主要组成部分。

（二）助推学习者生命成长的规则建构

学习者深度学习的核心文化目的是建构起生命成长优化的文化图景，

---

① Fullan M., Quinn J., Mceachen J., *Deep learning: engage the world, change the world*, Thousand Oaks: Corwin Press, 2018, pp. 170 – 173.

所指向的是人生命的完满追求。在学习者学习过程中，智慧生命、交往生命及认知生命是生命存在的三种主要形态。① 无疑，优化这些生命形态亦是深度学习所趋向的理想图景，亦是其规则建构的应然文化追求。人们对深度学习中生命发展的问题讨论甚少，这却是学习者深度学习的本质生命形态。学习者深度学习的规则建构需要承担促进学习者生命优化、境界提升与终身发展的文化责任。将传统教育推向智慧教育改革，可以使学习者深度学习的规则建构意向趋向智慧生命状态。学习者对整体生命过程中的深度学习行动规则建构与完善，有助于其生命发展及生命完满化。为此，应从学习者整体生命发展意义出发设计课堂教学中的学习者深度学习模式、能力和习惯培育。

对学习者深度学习通向智慧生命的"规则链"建构，既能让学习者深刻感悟深度学习的意义和价值，亦能建构起具有操作性、现实性和针对性的深度学习模式。在美国研究委员会所制定的深度学习能力框架中，把"遇到挫折将其转化为动力"和"识别障碍并攻克"等方面的技能作为学会学习能力的组成部分。② 学会处理挫折应成为学习者深度学习通向智慧生命"规则链"的关键组成部分。深度学习中的自我发展、认知完善和人际合作等方面能力，均需以处理问题、克服困难及面对挫折的"逆商"作为支撑。在学习者深度学习涉及各个能力领域的规则建构中，有意识地嵌入"抗逆""应逆"和"转逆"等方面的能力及智慧，是其通向智慧生命的必由之路。

当谈及深度学习中的智慧生命问题，将引发人们对敬畏生命、珍惜生命和保护生命等方面的深刻反省，亦是深度学习通往智慧生命需要直面的重大问题。人们通过深度学习需要清晰地认识自身生命存在和他人生命存在的重要意义，并为自身存在优化及帮助他人生命完满而努力。智慧生命是生命教育的关键建构指向。③ 深度学习通往智慧生命需与生命教育联系起来，生命价值升华、生存能力及生命意识是生命教育的三个

---

① 罗生全、欧露梅：《论学习过程的生命存在》，《中国教育学刊》2013 年第 8 期。

② 祝智庭、彭红超：《深度学习：智慧教育的核心支柱》，《中国教育学刊》2017 年第 5 期。

③ 王北生：《论教育的生命意识及生命教育的四重构建》，《教育研究》2004 年第 5 期。

层次。① 学习者的深度学习"规则"建构应将生命教育中的"规则"融入其中。为此，推动学习者深度学习发展应通过多种形式建构生命优化的意义及规则，以促进整体生命的存在与优化。

（三）学习者参与文化世界的规则型塑

人在秩序性差及"混乱"的状态中，所做的诸多"建构"工作是文化现实性的表现。② 强调在社会历史实践中参与乃至于引领，是学习者深度学习的文化意向。学习者参与社会实践的过程必然涉及对文化世界的维持、建构及改造，亦会涉及文化规则的适应、执行与调整，成为深度学习活动的体现及实施过程。动态的实践是人的本质存在，人的现实生活决定了社会存在本身。③ 在社会存在中动态地实践，将所学内容迁移到社会建设与改造中是学习者深度学习意义所在。依托深度学习活动，学习者在建构社会规则过程中也实现了自身的生命价值。

在真实的文化世界下，学习者深度学习将面临相当复杂的系统变量，需充分调动其在学校教育中所掌握的内容及能力以进行实践创新。在实践中持续创新以推动社会进步，是学习者通过深度学习发展核心素养的重要路径。④ 学习者在学校教育中形成的深度学习能力，成为推动社会文化进步活动的关键影响因素。在教学活动中模拟参与社会实践，是深度学习推动社会历史主体成长的途径。⑤ 通过深度学习活动的助力，学习者拥有成为社会和文化世界建设主体的机会。尤其在社会转型时期，学习者深度学习中的迁移能力、高阶思维能力和创造性能力等能力要素将对其进行社会实践创新产生积极作用。通过持续性的深度实践参与及改革创新，学习者成为真实意义上的社会主义建设者。人的生命存在活动的形式在于对文化规则的解构及建构。⑥ 这一系列的社会文化实践活动，将会涉及诸多文化规则建构与解构。在此过程中，学习者深度学习的动态

① 许世平：《生命教育及层次分析》，《中国教育学刊》2002 年第 4 期。
② 李鹏程：《当代文化哲学沉思》修订版，人民出版社 2008 年版，第 169 页。
③ 鲁克俭：《超越传统主客二分——对马克思实践概念的一种解读》，《中国社会科学》2015 年第 3 期。
④ 崔友兴：《基于核心素养培育的深度学习》，《课程·教材·教法》2019 年第 2 期。
⑤ 郭华：《深度学习及其意义》，《课程·教材·教法》2016 年第 11 期。
⑥ 李鹏程：《当代文化哲学沉思》修订版，人民出版社 2008 年版，第 171 页。

实在性在于不断推动社会的文化活动发展及规则维持与更新。

　　人类的深度学习过程是价值观形成的过程，是实践参与以及规则建构的过程，更是向文而化的过程，这恰好与人类命运共同体的理念具有相通之处。文化认同、制度实践和价值共识是人类共同体理念的组成部分。① 在世界范围内推动深度学习理念与实践扩散，是将深度学习的意义从个体生命优化层面上升至人类命运优化整体层面的过程。在推动不同国家的学习者进行深度学习实践时，人类命运共同体的文化理念应成为深度学习规则的关键要素，从而使各个国家、各个民族的人能够自发关注全人类的价值，在与周遭世界的交往中关怀人类整体利益，建设人类共同发展的美好文化图景。

① 丛占修：《人类命运共同体：历史、现实与意蕴》，《理论与改革》2016 年第 3 期。

第 六 章

结论与展望

　　本研究最后部分将系统回顾文化哲学视域下的深度学习问题相关论述。文化哲学赋予人们文化大境界、文化大格局和文化大视野，在此种精神境界中，人们会发现深度学习将是智能时代人生存与发展的核心竞争力所在，也是人类社会面对更复杂社会形式，面对不断进化的高智体——人工智能，所需作出的必然发展行动。通往文化境界的深度学习，不仅是对人生命与文化的关怀，更是创造性地调动人类一切的文化成果，不断解放自身，为人类的生存和发展奋斗的实践。此外，在结语部分还将对本研究的主要创新点、不足及后续展望做出阐述。

第一节　深度学习应然文化方向

　　站在智能机器可能全面超越人类的时代对人类深度学习进行审视，就可以发现人类深度学习是人类赖以生存与发展的核心竞争力，是认识世界、理解世界和改造世界的力量源泉。从广义的人类深度学习再回到学校教育中的深度学习，就能更清晰地把握其发展的应然文化方向。

一　深度学习的文化境界

　　"境界"在汉语词典中通常有两种解释，第一种是从地理学意义来界定，即"土地的界限"；第二种是从主观的角度对状态进行描述，即"事物所达到的程度或表现的情况"①。这种定义仅是从语言学角度来界定，尚未达到哲学的高度。深度学习文化境界中的"境界"主要是从哲学角度来对其进行界定。对于"哲学境界"概念的提法，最早可追溯到陆杰荣教授所著的《哲学境界》，该著作在国内学界首次从哲学的角度提出"哲学境界"概念，并进行了系统论述，他在书中下了清晰的定义，即"人在实践活动的基础上，通过反思、批判的自我意识所确立的'应然'目标的境地"②。从该定义可以发现，"哲学境界"与人们的哲学思考密切相关，拥有何种哲学自我意识，其所追求的理想状态也有所不同。李鹏程研究员认为西方哲学发展史实质上不同于哲学境界或哲学范式的提出，陆杰荣教授的"哲学境界"概念与文化哲学密切相关，源于文化哲学是关乎人的现实及超越的哲学。③ 从陆杰荣教授所给出的定义来看，其文化哲学意蕴色彩浓厚，但其更重要的意义在于启发学者们对"哲学境界"的探索。深度学习文化境界是一种站在文化哲学高度，从整个人类社会文化对深度学习进行审视的境界。

通往文化之境的深度学习是一种立足于文化大局、人类命运和生命整体的思维模式，它并非脱离现实的教学实践，反而提倡将"形而上"与现实问题紧密结合。在前文的论述中，通过文化哲学视域洞察深度学习，包含了教育学、心理学、神经科学及智能科学等多个学科，以获得更全面且更深入的深度学习认识。吴永军教授提倡，采取多学科视角对深度学习进行审视，在方法论上进行创新。④ 文化哲学恰好具有整体视角的方法论意蕴，从而使得此视角下的深度学习具有一种文化境界。对深度学习的来龙去脉和本质特性进行全面的梳理与重构，是达到文化境界的基础。前文对深度学习的文化本质、文化价值和文化活动方面所作的深入考察与重构，已为深度学习的文化之境勾勒了蓝图。费孝通先生指出，"文化自觉是每个文明中的人对自己的文明进行反省，做到'自知

---

① 中国社会科学院语言研究所词典编辑室：《现代汉语词典》6 版，商务印书馆 2012 年版，第 692 页。

② 陆杰荣：《哲学境界》，吉林教育出版社 1998 年版，第 4—5 页。

③ 陆杰荣、霍桂桓：《文化与境界》，中国社会科学出版社 2015 年版，第 26—30 页。

④ 吴永军：《关于深度学习的再认识》，《课程·教材·教法》2019 年第 2 期。

之明'"。① 文化自觉实质上也是广义的深度学习过程，因为它强调人类对自身文化反省，以求在后续文化活动中理智地行动。费孝通先生认为，提升文化转型的自主能力并获得决定适应新时代文化选择及适应新环境的自主地位即自知之明。通往深度学习的文化之境是文化自觉过程，它要求人们站在文化和历史发展的高度，对貌似纷繁复杂的深度学习文化活动作全局般文化把握，自然会产生登高望远的文化境界，走向文化"自知之明"。② 通往深度学习文化境界，即是使人们能够拥有主动适应社会转型的能力，具有在文化世界中实现自身生命完满化追求与改造世界的愿景。

对深度学习进行历史审视，不能仅沉迷于课堂、实验室、学校中的深度学习考究，而是要上升到人生成长、组织进步、国家增长和文化发展的角度审视深度学习。布罗代尔的历史长时段理论认为，对人类文化及历史起关键性影响的是长时段的历史。③ 站在文化与历史的大视野中审视人类深度学习，将获得一种文化大视野，使人们跳出沉迷深度学习探究细枝末节的僵局，从人类文化及历史大趋势上把握深度学习，从而推动具有文化境界的人类深度学习持续发展。通往深度学习文化境界需要有历史自觉，要跳出课堂教学和学校教育的层面，站在国家与民族发展历史及未来趋势去审视深度学习。要把握深度学习的文化本质，有必要站在古今中外文明下审视深度学习的演进历程。由于古今中外经典教育与学习论述中蕴含着不少深度学习智慧，当从中西方文明对比的高度审视这些理念时，就能够发现不同深度学习理念的优势与劣势，从而有所选择地批判吸收并发扬。通过比较人类文明发展历程和中西文明发展，能在宏观层面上把握人类深度学习的时代性、先进性和局限性，从而厘清深度学习的整体演进路径。从整体上说，人类深度学习理论发展历程是人类学习理论发展的缩影，更是人类文

_____

① 中国民主同盟中央委员会、中华炎黄文化研究会：《费孝通论文化与文化自觉》，群言出版社 2005 年版，第 531 页。

② 中国民主同盟中央委员会、中华炎黄文化研究会：《费孝通论文化与文化自觉》，群言出版社 2005 年版，第 2 页。

③ 晁福林：《论中国古史的氏族时代——应用长时段理论的一个考察》，《历史研究》2001年第 1 期。

明发展的象征。当站在人类文明整体进程把握深度学习脉络时，文化的境界油然而生。

如果从人类整体文明与中西文明发展对比的角度去分析深度学习演进，费孝通先生所提倡的"文化自觉"就有可能实现。可以发现，以往部分学者讨论深度学习，存在两种缺乏文化整体意识的倾向。一种是将深度学习文化活动发展性割裂开来，不少学者认为深度学习是全新概念。即使是马飞龙等人在正式提出深度学习概念的论文中，也没有发现他将所提出的深度学习概念与西方已有学习理论紧密联系起来。① 他仅是从认知心理学和后来提倡的现象学方法论思维去进行学习问题的分析。② 这些学者限于种种原因，也没有将它与中国古代深度学习智慧联系在一起。而事实上，深度学习理论可追溯到我国古代教育思想，这些古典教育智慧亟待挖掘。③ 可见，深度学习并非新鲜事物。在现代部分学者研究中，依然存在沿袭这种割裂深度学习文化活动发展性的现象。"凡是不研究过去者注定要重复过去"。④ 部分学者限于国界、限于学科及个人立场，没有将深度学习从文化与历史整体联系起来，使其所做的研究实质上与古代一些教育思想和学习思想有重复之嫌。

另一种倾向是缺乏费孝通先生所说的"文化自觉"。费孝通先生所指出的"文化自觉"，是在中西方文化对比的情境下对本民族文化有"自知之明"。⑤ 通往这种"文化自觉"的文化境界的深度学习，就不仅停留于个体生命文化意向及课堂教学文化建设的层面，而是上升到中西方文化比较的大格局。瑞恩（Ryan，J.）等学者发现，西方对学习范式进行深度学习或浅层学习二分法评价，发现亚洲学生学习方式及相关教育思想在亚洲经济衰落时会被认为是不好的学习实践，而在亚洲经济繁荣时就

---

① Marton F.，Säljö R.，"On qualitative differences in learning: i-outcome and process"，*British Journal of Educational Psychology*，Vol. 46，No. 1，1976.

② Marton F.，"Phenomenography—a research approach to investigating different understandings of reality"，*Journal of Thought*，Vol. 21，No. 3，1986.

③ 祝智庭、彭红超：《深度学习：智慧教育的核心支柱》，《中国教育学刊》2017年第5期。

④ ［美］罗蒂：《哲学和自然之镜》，李幼蒸译，生活·读书·新知三联书店1987年版，第15页。

⑤ 费孝通：《我为什么主张"文化自觉"》，《冶金政工研究》2003年第6期。

加以追捧。① 这种情况在其它国家亦会发生，这与人类心理中的光环效应（halo effect）密切相关。通常人们会因为对某事或某人的整体评价而改变对部分属性的评价，而这个过程人们难以有自觉意识。② 在国内部分学者和实践者中，西方深度学习理论受到热捧，相反本土化深度学习思想则较少被应用。这很大程度上是源于人们在心中认为目前西方发达国家文化相较而言具有先进性，从而认为在这种文化背景下提出的深度学习理论也存在先进性，这种思想观念是对本土化文化缺乏自觉和自信的表现。

从中西方文明发展及比较的角度来看深度学习，视域将更加开阔。长时段来看，历史上的中国古代文明在很长时间内领先于西方文明，而近代以来落后于西方文明，在当代奋起直追且大有超越西方文明之势。比较近代中西文明发展历程可以发现，中国文明在公元 13 世纪前一直领先于西方文明，但在 13 世纪后就相对滞后甚至开倒车，逐渐落后于西方世界，于 19 世纪遭遇西方列强的入侵而艰难探索至新中国成立后再次伟大复兴。经过近两个世纪的追赶，当前中国的综合国力在世界上仅次于美国。民族冲突、科学精神缺乏、政治体制、经济体制等方面的因素成为学界解释中国在近代落后于西方的主流原因。③ 与深度学习紧密相关的无疑是科学精神因素，但实质上人类深度学习与政治、经济及民族冲突等均有联系，某个国家的整体实力、制度体系以及其所持有的思想与全体国民深度学习有密切关系。"中国的学习速度、加速规模和产业集聚，使中国迅速赶上且实际上在市场中超越美国。"④ 无数对中国国情有深刻认识的个体敢于且善于学习并探索中国发展模式，推动新中国在成立后迅速崛起。广义人类深度学习不仅在个体竞争中扮演重要角色，也成为了国与国竞争的决定性因素。深度学习关系到个体的学习力、创新力和执行力，当社会上无数的个体将此种深度学习力量汇聚起来，就是一个

---

① Ryan J., Louie K., "False dichotomy? 'Western' and 'Confucian' concepts of scholarship and learning", *Educational Philosophy and Theory*, Vol. 39, No. 4, 2007.

② Nisbett R. E., Wilson T. D., "The halo effect: evidence for unconscious alteration of judgments", *Journal of Personality and Social Psychology*, Vol. 35, No. 4, 1977.

③ 巨永明：《民族整合与传统社会转型——近代中国落后西方问题探源》，《浙江社会科学》2000 年第 6 期。

④ 张世贵：《中国崛起和经济学的革命——访经济学家、理论物理学家北京大学教授陈平》，《行政管理改革》2019 年第 7 期。

国家创新力与学习力的体现。国家将推进学习大国及学习型社会建设作为重要战略，正是沿着此种逻辑。科学的学习理念是建设学习大国的基础。① 深度学习理念是先进学习理念的体现，对国家及社会文化的发展有重要意义，值得加以推广。

人类的文化活动蕴含特定的价值选择、价值判断和价值创造过程，深度学习文化活动也不例外。深度学习文化活动既有价值特质，也存在超越价值特质。深度学习文化活动的功能性价值系统存在等级性和相对性的特性。深度学习的文化价值类型可以划分为多重层次。从这些抽象的深度学习文化价值分析可发现，深度学习是具有价值取向的文化活动。从文化哲学视角进一步发现，深度学习的终极价值追求在于真善美同一的三重境界，这是对前人研究忽略深度学习价值追求的一次超越。忽略价值过程是近年来有关深度学习研究与实践的一种倾向。② 在以往的学习价值研究中，不少学者将学习中的"寻美""崇善"和"求真"三者割裂开来讨论，从而导致"真非善""美非真"以及"善非美"等不和谐的价值追求现象。真善美三者同一是文化境界的体现，人们常讨论真善美三者同一，但究竟同一何处却语焉不详。张世英教授指出，"万物一体"应是真善美同一所指向。③ 包括德性之知和闻见之知，均是文化建构价值意识的重要组成。④ 通往文化境界的深度学习，应是强调综合"闻见"和"德性"之知的有意义且有价值的文化活动。深度学习文化价值真善美同一，恰恰是趋向类似"万物一体"的文化境界，它通往学生整体生命深度学习真善美同一的"知""行""达"，推动人类整体走向人类命运共同体的真善美同一的理想追求。

对深度学习文化活动论的分析是对其抽象的文化本质进行深入且直观的阐释，它既需要与具体的、多学科视角及多维度的深度学习联系起来，又需要避免过分"滑入"深度学习的精细化研究当中。文化哲学视域下的深度学习文化活动论，是在已有研究基础上，基于文化哲学的逻

---

① 郑广华：《建设学习大国需要树立科学的学习理念》，《焦作大学学报》2019 年第 2 期。

② 吴永军：《关于深度学习的再认识》，《课程·教材·教法》2019 年第 2 期。

③ 张世英：《哲学导论》修订版，北京大学出版社 2008 年版，第 211 页。

④ 司马云杰：《文化价值论：关于文化建构价值意识的学说》，安徽教育出版社 2011 年版，第 2 页。

辑进行整合、清理和建构。更重要的是,将深度学习与人的生命发展及人类社会命运发展联系起来。在这种层面的思考可推动深度学习上升到人们生命优化及文化世界改造的高度,进而助力深度学习走向"深"且"通"的文化境界。

对通往文化境界的深度学习从上述几个重要维度进行简要阐述后,有必要对文化哲学理论视域的深度学习独特文化境界进行概括。它所代表的不仅是一种文化理想,更是一种文化格局。人们不应仅满足于通过深度学习促进学习成绩和深度学习促进学生就业的现实需要,而是要继续上升到深度学习对人整体生命的意义,深度学习对国家发展乃至对人类发展价值的高度对其进行洞察与把握。人们需要对深度学习有高度的文化自觉,对深度学习规律有系统认识,对深度学习实践活动有批判反思精神。它所指向的是现实中人类深度学习的实践问题,但又与人学习生命、整体生命和人类命运共同体共通起来。在确定通往文化境界的方向后,需要从文化目标与行动统一角度推动人类深度学习文化活动。

二 深度学习的文化目标

深度学习的文化目标规划是通往文化境界的必由之路。它是人们对深度学习的文化本质、功能、规律进行系统把握后,结合动态的文化情境进行有选择地构建行动系统的核心。通往文化境界的深度学习文化目标,需要人们从深度学习文化价值真善美同一价值追求的三重境界出发,在人类社会发展、人整体生命发展和人的学习生命发展层面上作出整体安排。

(一) 推动人类社会发展的深度学习文化目标

人类命运共同体理念对于人类整体实现真善美同一的价值追求具有重要意义,人类命运共同体理念已经成为人类解放自身的重要文化意向。对人的全面发展和解放的探索是人类命运共同体理念的应有之义。[①] 树立蕴含人类命运共同体意识的深度学习文化目标有助于促进人类的整体发展。面向复杂的世界局势,在广义人类深度学习理论中渗透人类共同命

---

① 王清涛:《人类命运共同体理念开启全球化新时代》,《当代世界与社会主义》2019 年第4 期。

运文化意向尤为关键。深度学习所指向的是人类与整体文化同一。深度学习对于促进国际上不同利益群体文化认同,生成人类命运共同体意识有推动作用,需将此方面文化意向纳入人类社会发展视角下的深度学习文化目标设计中。在深度学习理论中生成、渗透并建构人类命运共同体意识,有利于驱动不同国家不同民族不同群体能够自发地将全球意识和人类文化意识迁移应用到国际行动上。

当决策者站在学习大国和学习型社会建设的国家战略高度来制定深度学习文化目标时,就需要处理好"国家—深度学习—文化"的关系,其深度学习文化目标关涉到国家长期不同层次及不同领域立体化的深度学习体系规划。学习大国建设需要在学习治理体系上突破。[1] 国家层面整体深度学习体系建设的规划需要将治理内涵、要求及策略等维度要素融入其中,推动国家深度学习体系中"深度学习主体""深度学习内容"和"深度学习活动"形成有机互动整体。学习型大国建设离不开推动人们终身学习,这是国际上多数国家的重要举措。[2] 需要从社会机制、学习促进机制和国家政策制度等方面制定深度学习的文化目标,使得深度学习成为全体人民终身学习及与文化整合的重要文化活动。在国家层面推进全体人民及各个层次组织进行深度学习,需要注重人与文化的整合目标,尤其需要倡导优秀传统文化、国家所倡导的文化和新兴创新型文化等方面的文化整合。

人类社会中存在多层次及多类型的组织,建设学习型组织是这些组织群体能获得更大发展空间的重要途径。对于学习型组织建设,确立深度学习文化目标成为其自觉且创造性地突破传统组织学习模式的关键。学习型组织可专注并基于深度学习的形式进行改进。在专注单因素改进情况下,组织创新能力提升对其知识存量促进效果最优。[3] 学习型组织的深度学习文化目标的设计及安排,需要注重对组织内的学习要素充分整

---

① 肖君华、肖卜文:《学习大国与学习治理体系现代化论要》,《湖南社会科学》2014 年第 6 期。

② 岳爱武、许荣:《学习大国建设的推进机制:西方发达国家的经验及启示》,《江苏高教》2016 年第 4 期。

③ 刘勇、曾康佳:《基于系统动力学的学习型组织知识存量研究》,《科技管理研究》2018 年第 13 期。

合，使得组织内成员的深度学习机制能够有效地触发，增强组织的创新能力、创造能力和协同能力。此外，突出组织学习中的知识交流深度，是学习型组织的深度学习目标应有之义。组织内知识网络交流效率的提升，取决于高知识交流的深度。① 在学习型组织建设过程中，深度学习文化目标及其相应愿景的确立，有利于加深成员与组织文化整合的宽度及深度，促进组织成员与蕴含组织精神、组织知识网络及组织规则制度等广义上的组织文化的整合，激发价值创造及文化创造的潜能而增强学习型组织建设。

（二）人整体生命发展的深度学习文化目标

人整体生命发展的深度学习文化目标安排是人们对自己生命发展的"元思考"，是对自身生命该往何处发展及如何发展的深层追问。对于人整体生命发展的深度学习文化目标规划，需要注重倡导处于不同情境的学习者与其当时所意向的文化进行适切整合。人之所以为人正是依托创造性能动的活动。② 人与文化的整合既是人生命中的无意识过程，也是人有意识地主动与周遭文化世界交互、适应文化环境的过程。除了正规教育系统学习之外，人整体文化生命存在要求人对文化中的价值观、习俗、显性规则和隐性规则等进行持续的深度学习。理想状态下，学习者在解决其所面临的问题时，需要通过深度学习对事物背后深层次的关系及规律有透彻的理解，并能灵活调用人类已有的优秀文化成果辅助其处理复杂问题。在这个过程中，人们需要在"知"的基础上重视"行"，使得其与社会文化更好地进行多维度的整合，使文化质料成为人整体生命发展的基础。"学会学习"已经是当今社会的"生存之本"。③ 人整体生命发展中的深度学习目标设计应指向人学习生存并学会学习。

人整体生命发展的深度学习文化目标应蕴含生命力优化、学习力提升和文化整合力培育的维度，使得人整体生命发展中的"存在"得到保

---

① 吕鸿江、程明、吴利华：《知识交流深度与广度的匹配对知识网络交流效率的影响：基于整体知识网络结构特征的分析》，《管理工程学报》2018 年第 1 期。

② ［德］卡西尔：《人论：人类文化哲学导引》，甘阳译，上海译文出版社 2013 年版，第 11 页。

③ 侯怀银、赵苗苗：《〈学会生存〉在中国的引进及其影响》，《山西大学学报》（哲学社会科学版）2010 年第 3 期。

障。人整体生命深度学习的文化目标中，除了保障人之所以为人的"存在"基础外，还需要指向人整体生命的优化。人整体生命的优化需要人与周遭文化世界和谐共处，并且能够进行创造性的实践行动去处理生命中遇到的自我发展、人际发展及认知发展方面的问题。当前，以培育 21世纪技能为目标的深度学习实践正在世界多个国家推广，如北爱尔兰部分学校已经开始着力推动 21 世纪技能的培育。① 这些技能和能力是优化人整体生命的重要组成部分，是人在现实世界中生存与生活的必要保障。面向人整体生命深度学习的文化目标还需包含文化对人生命存在的提升，以达到使人生命中精神及文化世界图景更加完善的意向。"生态化生存"应成为人整体生命中深度学习的重要目标维度。"生态化生存"是指精神生存与现实生存共通的状态。② 它要求人们超越人整体生命对文化质料的物质性操作，力求实现对文化质料的精神化整合。

追求整体生命完满化是绝大部分个体的共同愿景，也是文化对于人整体生命发展的终极意义。一方面，人整体生命中的深度学习真善美同一价值追求的三重境界，是促进整体生命走向完满的指引。在世界上某些国家可通过宗教的形式使人感受并走向生命的圆满，如瓜哇国中的部分民众通过宗教的形式引领自身走向人生的完美（the perfect of life）。③但对于绝大部分国家人民而言，深度学习可以成为其通往整体生命完满的重要途径；另一方面人整体生命中的深度学习文化目标需要关注整体生命完满。人整体生命中深度学习的生命完满化目标力求对人整体生命从终身发展的立场出发进行关怀，促进人在深度学习过程中成长和发展，旨在帮助人们达至生命中真善美同一的价值境界。整体生命意义上的深度学习将文化与人的生命联系起来，对人的人格、德行及理智等方面有促进作用。通过人与文化的深度整合，使人的整体生命有了完满化的文

---

① James H., Szczesiul N. H., "Redefining high performance in Northern Ireland: deeper learning and twenty-first century skills meet high stakes accountability", *Journal of Educational Change*, Vol. 16, No. 3, 2015.

② 盖光：《生存论的新视界：人的生态性优存》，《宁夏大学学报》（人文社会科学版）2010 年第 1 期。

③ Nugraha R. P., Holil M., "Panitikrama: achieve perfection of life from a javanese perspective", *IOP Conference Series: Earth and Environmental Science*, Vol. 175, No. 1, 2018.

化规则与行动方向。进而，可在整体生命中深度学习文化目标的统率下，对不同方面、不同场景及不同层次的深度学习文化目标进行细化并落实。

（三）课堂教学情境下的深度学习文化目标

探寻课堂教学情境下的深度学习文化目标，需要根据不同教育意向、不同学段及不同科目等差异化因素进行安排。在正规教育系统中所进行的教育教学活动需要符合国家的要求及期待，回答好"为谁培养人""培养什么样的人"及"如何培养人"的问题。课堂教学情境下的深度学习文化目标应与国家和社会的要求保持方向一致。在此基础上还需要因校因地进行理性规划。正规学校系统是从学生长远发展出发抑或是追求短期功利性教育产出指标，如中小学的升学率和大学的就业率等，直接影响着正规学校系统中对课堂教学情境下深度学习文化目标的安排。实质上，教育实践者应将国家教育方针、特定的学校教育理念和教师教育思想综合到课堂教学情境中深度学习文化目标的制定中。

不同学习阶段学生深度学习的能力基础不同，其所追求的文化目标也不一致。不同阶段学生的深度学习能力有显著的差异，需要根据不同身心发展阶段的学生设置适切的深度学习文化目标，这是促进学生与文化整合的基础。在国家教育部门所制定的课程方案以及课程标准中，对不同学习阶段学生的学习内容提出了明确要求，这些要求为该学习阶段的学生课堂情境下深度学习文化目标制定指明了方向。如在促进小学阶段的语文学科学生深度学习过程中，需重视语言文字运用能力培养。[1] 在高中阶段的语文学科学生深度学习过程中，则需要注重文化传承、思维锻炼和语言优化等多方面的语文核心素养培育。[2] 除了不同学习阶段学生存在教育内容的特性外，还存在不同学习阶段学生之间深度学习要求的共性，如立德树人等教育要求应始终贯穿大中小学的课堂教学。合理制定符合不同学习阶段学生课程教学标准的深度学习文化目标，可为贯彻这些育人理念确立有效的落实路径。

---

[1] 李广：《小学语文深度学习：价值取向、核心特质与实践路径》，《课程·教材·教法》2017 年第 9 期。

[2] 张蒙、王维超：《高中散文深度学习：致力语文核心素养的建构》，《语文建设》2018 年第 8 期。

对不同的学习科目设置差异性的深度学习文化目标，已经日益成为学者们的共识，源于已有研究表明在不同的学科中学生深度学习倾向存在较大差异。为了保障不同学科中的学生能与人类优秀文化进行深入整合，并建构起自身的文化知识体系，需要针对不同的学科教学特点进行精心设计，使得不同学科间的深度学习既具有学科特色，又能共同与学生学习生命整体关联起来。某些特定的教学模式、方法和目标对不同学科中的学生深度学习均有促进作用，值得教学实践者进行探索，对于设计不同学科中的深度学习文化目标具有参考意义。

在注意到不同学习阶段与不同学科的深度学习文化目标差异后，还需要注意到不同个体的学习差异，在同一学段同一学科中，不同的学生所表现出来的深度学习状态存在较大的分化。为此，设置具体课堂教学情境中的深度学习文化目标时，要根据个体的学习基础、学习风格、学习状态与学习动机等动态调整。在传统的大班课堂教学中，由于学生人数众多，往往需要教师投入较多的精力关注不同学生的深度学习特点。然而，在新兴的技术支持下，可有效减轻教师此方面的负担。例如，通过限制性小规模在线课程此类新兴技术支持课堂教学形态可实现分层式因材施教，促使不同个体的深度学习发生。① 为此，在技术驱动深度学习的研究和实践探索日渐完善背景下，教师在察觉到为不同个体设置适切性深度学习文化目标重要性的基础上，要创造性地将技术文化元素的功能融入深度学习目标及相关教学方案设计上，以使得不同学生个体深度学习文化目标制定更具有适切性和科学性。

三 深度学习的文化创造

文化实践与综合、文化选择与阐释、文化借鉴与继承，是贯穿文化创造过程中的三对主要关系。② 对深度学习的文化境界和文化目标进行探索后，需对深度学习的具体文化创造活动如何处理这些主要关系作出分析，以使得文化境界、文化目标和文化创造三者能够有机统一起来。卡

---

① 曾明星、李桂平、周清平等：《从 MOOC 到 SPOC：一种深度学习模式建构》，《中国电化教育》2015 年第 11 期。

② 赵有田、霍光耀：《论文化创造中的三个基本关系》，《兰州学刊》2008 年第 12 期。

西尔指出，研究能动的、具体的创造活动本身而非抽象的文化才是文化哲学最要紧的任务。① 文化哲学视域下的深度学习境界需进一步落实到创造性深度学习研究及实践活动上，可从深度学习研究中的文化创造、教学实践中推进深度学习的文化创造及学习者深度学习过程中的文化创造三个维度进行分析。

（一）深度学习研究中的文化创造

深度学习研究是一个持续的文化创造过程，它使得人们对深度学习的认识及实践经历了从无到有、从单调到多元的过程。在经历早期深度学习概念的探索之后，人们逐渐对深度学习的概念内涵有了初步认识，期待有效地将该理论框架应用于教学实践中，为此不少学者开始注重对深度学习发生过程的研究，以确定如何促进且衡量深度学习的发生，是对"深度学习在课堂教学中如何可能"问题的回应，即强调如何获得深度学习的最佳效果。我国学界早期关于深度学习的探索多数侧重于如何通过深度学习过程获得更好的学习结果和教学效果，以优化并改善教学实践为研究取向，这些具有实践导向意义的深度学习研究革新了教学实践者的教学观念，也帮助学习者更好地把握及优化自身的学习方式。近年来，人们开始系统思考深度学习给学生带来的发展价值、文化功能及生命意义等问题，深度学习研究与实践呈现出多样的价值追求方向。对人类深度学习进行长达几十年的研究及实践探索，实质是不断创造新的文化过程，应力求持续地创造富含时代精神的深度学习理论。

在深度学习研究文化创造的过程中，处理好文化继承与借鉴的关系相当重要。在深度学习研究借鉴方面，从国内部分学者关于深度学习的研究中可以发现，深度学习研究存在着忽略本国文化性的"移植"以及"译介"现象。② 这种过分借鉴而忽略本土化创造的研究模式并不利于纵深推进深度学习研究。对国外深度学习研究进行借鉴和移植时，需要注意到其研究存在的局限以及所蕴含的价值意识形态，结合本国的特殊国情进行创新性拓展。在深度学习研究继承方面，无论是国内学者还是国

---

① ［德］卡西尔：《人论：人类文化哲学导引》，甘阳译，上海译文出版社 2013 年版，第11—12 页。

② 吴永军：《关于深度学习的再认识》，《课程·教材·教法》2019 年第 2 期。

外学者，都存在限于自身学科研究范式而忽略对中西方古代深度学习思想及现代学习理论继承的问题，继而将深度学习作为一种全新的事物进行探索，这容易造成"重复过去"的研究困局。为此，需要充分地挖掘已有的深度学习相关理念的基础，尤其是需要对古代蕴含深度学习理念的教育思想深度梳理，挖掘其时代价值，赋予其新的文化活力。对深度学习研究在处理好共时及历时的文化创造关系后，还需要在已有的教育及学习理论文化"谱系"中找到其位置。将已有的相关学习理论及教育理念与深度学习进行关联与辨别，明确人类深度学习理论在教育理论和学习理论中的理论位置与关系，为深度学习理论体系的进一步发展提供基础。

深度学习研究中的不同研究范式实质上是不同的学科文化体现，这些学科文化在交流及碰撞之中有可能触发新的文化成果产生，从而推动深度学习研究的文化创造。部分强调定量测量的深度学习研究范式存在着工具理性倾向，而部分注重人文思辨的深度学习研究范式则存在着人本主义的色彩，这些研究范式均各有优势和不足。研究者对深度学习进一步研究时，需要注意其所选择的包括研究模式、范畴及概念在内的研究范式的哲学根源和文化根源，以及这些研究范式本身的优势与局限之处。从西方学者长达四十多年的深度学习研究来看，研究范式并没有发生太大的变动，认知心理学的研究范式依然在西方发达国家学者对深度学习的研究中占据主流地位。从国内学者深度学习研究中看，可发现不同领域学者采取的研究范式存在较大差异，也引起了不同领域学者之间的分歧，这些分歧在某种程度上不利于深度学习理论体系的整合及系统推进。为此，研究者推进深度学习研究过程中，需要注意到深度学习研究范式中的文化差异，并根据本国社会文化情况和自身学科背景情况，在相互理解、交流及学习过程中创新深度学习理论的研究范式。

（二）教学实践中推进深度学习的文化创造

教学实践是文化生成性的存在，在此过程中深度学习成为了教学环境中的"模具"，从而不断生成并创造出新的文化实践。文化生成即存在有客观力量的生存环境和模具。[①] 以完善学生学习生命及整体生命作为深

---

① 刘进田：《文化哲学导论》，法律出版社 1999 年版，第 393—395 页。

度学习逻辑起点，将深度学习意义提升到学生核心素养培育、人格塑造、文化品格提升及生命发展的高度，使得深度学习有更大的文化创造空间。如将深度学习理念整合到教学实践中，以文化成人的立场将深度学习的应有之义极大限度地扩宽。① 深度学习不再是工具理性背景下的"新型学习工具"，而是连通学生整体生命中存在张力场域的有力中介，学生深度学习成为有意义的文化创造活动。

在教学中推动深度学习的文化创造，首先需要将学生学习生命和文化质料相关联起来。当学生感受到所需要学习的文化质料与自身生命密切相关时，就会更主动地参与到深度学习的文化活动中，从而推动其与文化的整合。在这个文化相关性的情境下，学生的主观能动性就有可能被激发，使得文化传递及继承更容易发生。在文化继承中，价值观、情感及精神等方面的继承更有深远意义，将对学生在日后文化情境中进行创造性迁移应用有积极影响。推动课堂教学情境下的深度学习，对学生系统及高效地整合优秀文化有积极影响。学生在教师依靠其拥有的文化资本而创设的文化场域中，更容易能动地进行深层思考、榜样模仿和技能练习，使其更快更好地吸收课程教学所蕴含的丰富文化质料，支持核心素养的形成和创造性习惯的型塑。在教师的指导下，学生可将文化与自身经验有机整合起来，有效地继承优秀文化并在未来迁移应用，创造出新的文化图景。

在推动课堂教学情境下的深度学习实践中，教师所进行的也是文化创造活动。单调重复的教学容易使学生处于浅层学习状态，但教师在教学过程中能够以饱满的教学热情，对早已烂熟于心的教学内容结合学生情况进行创造性重整，让课堂焕发富有创造性及新颖性的活力，便能让学生在潜移默化中感受到文化创造的魅力和精神，使其对课堂学习抱有好奇心并体验到高参与感。教师需要对人类已有的优秀文化进行"预加工"及精心设计，使得学生在整合文化时能够有效地吸收文化精华，自觉地将其内化于精神文化世界之中。它需要教师进行文化的选择和文化情境的创设，使得文化内容渗透在课堂教学情境中，将原本与学生整体

---

① 武小鹏、张怡：《深度学习理念下内涵式课堂教学构架与启示》，《现代教育技术》2019年第4期。

生命貌似没有关联的文化质料变得"属人化",学生容易对其进行吸收消化。文化内生性创造是深度学习的目标指向。① 教师对教学内容文化进行的深入阐释和重整,可使得学生在深度学习过程中实现文化整合,是学生在后续迁移应用过程中进行创造性文化活动的重要基础。教师的文化创造活动在课堂教学的学生深度学习过程中发挥重要作用,既通过文化交往的方式使得学生产生文化学习的体验,调动学生的学习积极性,也使学生能更高效地吸收整合文化质料。教师在此过程中也能获得持续性的成长并促进专业水平的发展。

课堂教学情境下的深度学习指向人与文化的创造性整合,促使师生在教与学过程中能够将文化中的智慧整合成自身独特的经验,它是课堂教学情境下的深度学习催生文化智慧的重要过程,从而促使课堂教学情境下深度学习的高阶目标实现。学生的深度学习不再停留于文化质料的吸收、加工、迁移,而是走向智慧生成及生命的成长。文化智慧可以引领深度学习持续发展。② 在多种文化符号的支持下,通过课堂教学文化创造过程所诞生的文化智慧可转化为师生生活与工作的文化智慧。其中尤为重要的是,学生能够综合应用所学到的文化内容,进行创新创造性活动,型塑整合性及系统性的创新创造习惯,能够为学生自身参与到文化世界创造性的实践中打下基础。在获得文化智慧之后,学生可以创造性地将其应用于文化世界改造、文化规则重构和文化活动践行等方面,有利于整体生命的发展,也能对社会建设作出积极的贡献。

(三)学习者深度学习过程中的文化创造

学习者深度学习过程是文化传承及文化创造的过程,每一位学习者在学习过程中采取的深度学习方式是其将过去、现在及未来文化联系起来的重要途径。深刻认识并理解文化世界是学习者深度学习的基本追求,但更为重要的是在深度学习过程中进行创造性实践,推动自身与周遭文化世界走向完满。在传统的教育教学中,常见的学习方式由于没有平衡好知识技能学习与学习者自身需要及社会文化发展需要的关系,使学习者难以顺利地从文化继承走向文化创造的过程。文化哲学使得人们从文

---

① 钱旭升:《论深度学习的发生机制》,《课程·教材·教法》2018年第9期。
② 祝智庭、彭红超:《深度学习:智慧教育的核心支柱》,《中国教育学刊》2017年第5期。

化的视角认识到深度学习实质上具有文化创造性功能，也鼓舞了学习者
将当下的学习与文化创造联系起来，通过实践迁移构建起文化创造的
"支架"。

学习者的深度学习过程是优化学习生命及整体生命的过程，它是学
习者不断取得进步的"灵魂"所在，学习者通过深度学习与先进文化的
全面整合，能够使学习者的整体生命获得优化。学习者所进行的深度学
习过程是推动生命走向完满化的过程，不仅停留于知识学习、技能掌握
和迁移应用等层面，而且是整体生命持续优化、调适及提升的过程。学
习者深度学习需要实现的是与文化整合的整体性功能，是一种综合创新
性活动，它要求学习者站在文化巨人的肩膀上，用心探索并洞察文化周
遭世界的规律，创造性地为其所用，也在时机成熟时推动文化世界的改
造。值得注意的是，学习者深度学习很多时候是内生性主动的过程，这
种与生俱来的深度学习能力加上后天教育的强化，能够使学习者极大地
发挥认识文化世界、理解文化世界和改造文化世界的潜力。此时，学习
者的深度学习能力与整体生命的发展空间是密切相关的，使得学习者能
够在错综复杂的文化环境下选择合适的与理性的实践路径进行创造性
活动。

学习者基于深度学习所进行的文化创造，是促进其自身全面发展的
重要基石，是素质整体提升、生命状态不断完善及发展道路持续通畅的
基础。当然，此处的深度学习所指向的是积极的、优秀的且价值正确的
文化创造，而非扭曲的、腐朽的与价值错误的文化污染。通过深度学习
文化活动，学习者能够感受到生命前途掌握在自己手中，肩上是沉甸甸
的文化责任，促使其积极并能动地进行文化创造活动。学习者深度学习
能力成为了自身重要的"元能力"，是促进元认知监控能力提升、核心素
养能力培育、理智思维能力增强和情绪欲望控制等诸多方面能力发展的
"源泉"。不可否认的是，学习者深度学习过程与文化创造过程并非轻而
易举的过程，它需要学习者调动绝大部分的脑力资源及精力，进行长时
间的探索、实践与磨练，才可获得较为理想的文化创造效果。无论被动
性深度学习还是主动性深度学习，它都需要走向文化实践及创造活动，
这必然需要经过考验并付出心力和体力，但这也是学习者走向整体生命
完满化的必经之路。

总而言之，通往深度学习的文化境界是广义人类学习发展的重要趋向，也是增强智能时代人类核心竞争力的途径，更是拥有文化大格局的体现。它要求人们既立足于深度学习的现实问题，又要上升到整体文化高度洞察深度学习问题的来龙去脉，再回到指导深度学习问题的解决。通往深度学习的文化境界让人们拥有一番文化大视野及文化大胸怀，不再停留于细枝末节的深度学习问题纠缠上，使得深度学习既"深"且"通"，成为人的学习生命、整体生命优化及推动人类整体发展的基础。智能时代即将来临，未来将是人机共存的世界，更显人类深度学习文化境界的魅力与价值。在智能时代，既要注重深度学习精细化、科学化的认识及实践，更要弘扬人类深度学习的文化境界，使得人类深度学习成为驾驭充满变化的未来的核心途径。

第二节　本研究的创新点与不足

在传统与现代、历史与未来、信息时代与智能时代交汇之际，深度学习已经不仅仅是一种时髦的学习理论和教育改革的代名词，而是象征人类学习理想及学习本源的存在。站在文化哲学的高度上，我们将会洞察到：人类深度学习究竟是什么？深度学习的价值究竟在何方？本研究的关键创新点在于超越狭义层面深度学习认识所带来的境界局限，站在人与文化、历史与未来的高度上，重新审视广义人类深度学习的局限与突破方向，为变革课堂中的深度学习及更广泛意义的深度学习提供可能。本研究的不足之处也因文化哲学的理想性和批判性而带来对具体教学情境的深度学习推进观照不足，但相信经过后续拓展，广义人类深度学习理想定能照亮课堂教学深度学习改革的现实。

一　本研究主要创新点

在人类深度学习研究及实践过程中，文化的作用及意义逐渐被人们察觉。一方面，从文化的角度审视学习已有不少的探讨，另一方面人们也意识到文化与深度学习有密切的联系。这些对人类学习及广义深度学习中的文化作用与重要性探讨，为进一步从文化视角审视深度学习提供线索和方向。本研究正是抓住这个重要的趋势做理论突破，用广义深度学习研究方法论创新促使研究结论创新。

（一）研究方法创新

在教育领域中运用文化哲学理论进行分析的研究较少，在深度学习问题的研究上尚未发现有学者运用文化哲学理论进行分析。在不少已有教育领域中运用文化哲学理论分析问题的研究中，往往仅抓住某个学者的文化哲学理论观点而作为其探讨教育问题的主要依据，容易陷入对文化哲学片面认识的局限。另外，部分学者在将文化哲学作为方法论指导其分析教育问题的过程中，忽略了文化哲学的内在逻辑，从而削弱了文化哲学的解释力。过往不少学者在文化哲学理论选择、批判及改造上的力度有所不足，使得文化哲学缺乏其应有的时代前瞻性和高远理想。本研究提炼了文化哲学的生成性内在逻辑，使得文化哲学方法论具有更加严密的逻辑结构，在分析广义人类深度学习的问题上更具说服力。在综合中外文化哲学理论精髓的基础上，进行面向智能时代的文化哲学理论整合创新，建构具有文化境界大格局的文化哲学理论分析框架。本研究立足中西经典文化哲学理论体系，将文化哲学理论贯穿于深度学习的概念界定、分析进路设计及理论建构，推动广义人类深度学习理论认识走向文化境界，以回应智能时代对人类文化社会带来的系列挑战。

（二）研究结论创新

纵览狭义深度学习研究，捕捉到人类深度学习走向文化之思的痕迹，体悟到从人与文化的关系入手是推动广义人类深度学习回归本原的必由之道。在经历对当代深度学习问题进行追问并反思后，更加迫切地意识到文化回归是深度学习的破局之道。进而，基于文化哲学的深邃视域，从深度学习的文化本质论、文化价值论、文化活动论重构了人类深度学习，深究了"人类深度学习究竟是什么"以及"人类深度学习如何可能"。这些理论认识分别构成了通往深度学习文化之境"圆周"的一个扇面。通往深度学习文化境界是对当代深度学习存在的探索矛盾、认识误区和价值悖论的超越，从达成文化境界的愿景、具体化的文化目标、可操作的文化路径三个层面对走向深度学习的文化之境加以阐明。从而本研究提出了一系列的有关人类深度学习的新论断和新观点。总而言之，本研究的创新之处建立在文化哲学对人与文化关系深邃的洞察力上，并非沉迷于狭义层面的深度学习。以文化哲学为统领，从宏观的广义人类深度学习自上而下地追踪到微观层面的深度学习神经机制，从多学科多层次多立场的角度全面地对广义人类深度学习进行清理与创新。从文化大境界出发，人类深度学习是其适应并改造社会的核心竞争力，是其推动人类社会与文化发展的有力"武器"。本研究对人们重新认识人类深度学习本质，树立深度学习理想以及充分发挥人类深度学习潜能有重要意义。

二　本研究的不足之处

本研究的不足之处在于：首先，文化哲学视域下的广义人类深度学习重构是批判式和理想式的理论探索，尽管对实践有重要指引作用，但对具体深度学习实践机制及策略等方面的思考有待深化。在文化哲学视域指导下的深度学习实践架构、深度学习促进措施以及深度学习在具体学科中的应用方案等探索，也是未来本研究需要继续拓展的方向，争取做到理论与实践相砥砺。其次，对广义人类深度学习进行探讨着重于普遍性人类深度学习规律的分析，对于工作场所等重要场景中的深度学习以及特殊群体的深度学习关注不多，有待进一步深入研究。最后，文化哲学视域下的深度学习理论观点需要在实践中进行检验与修正且后续应加强探讨。推动广义人类深度学习需要随着时代的发展不断进行完善，也期待更多学界同仁参与进来。

参考文献

一 中文著作

马克思、恩格斯:《马克思恩格斯全集》第 1 卷,中共中央马克思恩格斯列宁斯大林著作编译局译,人民出版社 2012 年版。

马克思、恩格斯:《马克思恩格斯全集》第 3 卷,中共中央马克思恩格斯列宁斯大林著作编译局译,人民出版社 2012 年版。

［英］安德森等:《学习、教学和评估的分类学——布卢姆教育目标分类学(修订版)》,皮连生主译,华东师范大学出版社 2008 年版。

［美］奥姆罗德:《学习心理学》第 6 版,汪玲等译,中国人民大学出版社 2015 年版。

［美］布兰思福特、布朗、科金等:《人是如何学习的:大脑、心理、经验及学校》(扩展版),程可拉、孙亚玲、王旭卿译,华东师范大学出版社 2013 年版。

曹南燕:《认知学习理论》,河南教育出版社 1991 年版。

陈树林:《文化哲学的当代视野》,人民出版社 2010 年版。

［德］狄尔泰:《精神科学引论》,艾彦译,译林出版社 2012 年版。

［德］狄尔泰:《精神科学中历史世界的建构》,安延明译,中国人民大学出版社 2010 年版。

［德］狄尔泰:《诗的伟大想象》,鲁萌译,北京大学出版社 1987 年版。

［德］狄尔泰:《体验与诗:莱辛·歌德·诺瓦利斯·荷尔德林》,胡其鼎译,生活·读书·新知三联书店 2003 年版。

［美］杜威:《民主·经验·教育》,彭正梅译,上海人民出版社 2009 年版。

［新西兰］哈蒂：《可见的学习：对 800 多项关于学业成就的元分析的综合报告》，彭正梅等译，教育科学出版社 2015 年版。

郝文武：《教育哲学》，人民教育出版社 2006 年版。

何萍：《文化哲学 认识与评价》，武汉大学出版社 2010 年版。

［德］黑格尔：《历史哲学》，王造时译，生活·读书·新知三联书店 1959 年版。

洪晓楠：《文化哲学思潮简论》，上海三联书店 2000 年版。

洪晓楠：《哲学的文化哲学转向》，人民出版社 2009 年版。

胡长栓：《走向文化哲学》，黑龙江教育出版社 2008 年版。

黄甫全：《现代课程与教学论》，人民教育出版社 2015 年版。

［德］卡西尔：《人论：人类文化哲学导引》，甘阳译，上海译文出版社 2013 年版。

［苏］凯勒：《文化的本质与历程》，陈文江、吴骏远等译，浙江人民出版社 1989 年版。

［德］康德：《判断力批判》，邓晓芒译，人民出版社 2002 年版。

［英］赖丁、雷纳：《认知风格与学习策略——理解学习和行为中的风格差异》，庞维国译，华东师范大学出版社 2003 年版。

李鹏程：《当代文化哲学沉思》，人民出版社 1994 年版。

李鹏程：《当代文化哲学沉思》修订版，人民出版社 2008 年版。

李咏吟：《审美与道德的本源》，上海人民出版社 2006 年版。

刘进田：《文化哲学导论》，法律出版社 1999 年版。

刘向：《说苑全译》，王瑛、王天海译注，贵州人民出版社 1992 年版。

刘玉建：《〈周易正义〉导读》，齐鲁书社 2005 年版。

陆杰荣、霍桂桓：《文化与境界》，中国社会科学出版社 2015 年版。

陆杰荣：《哲学境界》，吉林教育出版社 1998 年版。

罗炳良、胡喜云：《墨子解说》，华夏出版社 2007 年版。

［美］罗蒂：《哲学和自然之镜》，李幼蒸译，生活·读书·新知三联书店 1987 年版。

［匈牙利］马尔库什：《马克思主义与人类学》，李斌玉、孙建茵译，黑龙江大学出版社 2011 年版。

［加］迈克尔·富兰、［美］玛丽亚·兰沃希：《极富空间：新教育学如

何实现深度学习》，于佳琪、黄雪锋译，西南师范大学出版社 2015
　　年版。

［俄］梅茹耶夫：《文化之思——文化哲学概观》，郑永旺等译，黑龙江大
　　学出版社 2019 年版。

［美］西蒙：《人工科学》，武夷山译，商务印书馆 1987 年版。

申国昌、史降云：《中国学习思想史》，科学出版社 2006 年版。

［美］申克：《学习理论：教育的视角》，韦小满等译，江苏教育出版社
　　2003 年版。

司马云杰：《文化价值论：关于文化建构价值意识的学说》，安徽教育出
　　版社 2011 年版。

维柯：《新科学》，朱光潜译，人民文学出版社 1986 年版。

［德］文德尔班：《哲学史教程》，罗达仁译，商务印书馆 1997 年版。

许苏民：《文化哲学》，上海人民出版社 1990 年版。

荀况：《荀子》，安继民译注，中州古籍出版社 2006 年版。

［古希腊］亚里士多德：《形而上学》，吴寿彭译，商务印书馆 1959 年版。

杨善民、韩锋：《文化哲学》，山东大学出版社 2002 年版。

叶澜：《教育研究方法论初探》，上海教育出版社 2014 年版。

［丹］伊列雷斯：《我们如何学习：全视角学习理论》，孙玫璐译，教育科
　　学出版社 2014 年版。

衣俊卿：《文化哲学——理论理性和实践理性交汇处的文化批判》，云南
　　人民出版社 2005 年版。

于春玲：《文化哲学视阈下的马克思技术观》，东北大学出版社 2013
　　年版。

张世英：《哲学导论》修订版，北京大学出版社 2008 年版。

中国民主同盟中央委员会、中华炎黄文化研究会：《费孝通论文化与文化
　　自觉》，群言出版社 2005 年版。

中国社会科学院语言研究所词典编辑室：《现代汉语词典》第 6 版，商务
　　印书馆 2012 年版。

周辅成：《西方伦理学名著选辑：上卷》，商务印书馆 1964 年版。

周晓阳、张多来：《现代文化哲学》，湖南大学出版社 2004 年版。

庄周：《庄子》，王岩峻、吉云译注，山西古籍出版社 2003 年版。

邹广文：《当代文化哲学》，人民出版社 2007 年版。

邹广文：《文化哲学的当代视野》，山东大学出版社 1994 年版。

二　中文学位论文

卜彩丽：《深度学习视域下翻转课堂教学理论与实践研究》，博士学位论文，陕西师范大学，2018 年。

陈大维：《维柯的文化哲学思想研究》，博士学位论文，黑龙江大学，2015 年。

胡航：《技术促进小学数学深度学习的实证研究》，博士学位论文，东北师范大学，2017 年。

陶青：《小班化教学：走向"个性自由"———一种文化哲学的考察》，博士学位论文，华南师范大学。

王玲莉：《阿尔贝特·施韦泽文化哲学研究》，博士学位论文，华侨大学，2012 年。

王现东：《文化哲学视域中的价值观研究》，博士学位论文，华侨大学，2012 年版。

武立波：《制度：文化研究的重要维度》，博士学位论文，黑龙江大学，2017 年。

余璐：《新兴学本评估的文化哲学分析与建构》，博士学位论文，华南师范大学，2016 年。

曾文婕：《文化学习引论——学习文化的哲学考察与建构》，博士学位论文，华南师范大学，2007 年。

三　中文期刊论文

安富海：《促进深度学习的课堂教学策略研究》，《课程·教材·教法》2014 年第 11 期。

蔡恒进：《论智能的起源、进化与未来》，《人民论坛·学术前沿》2017 年第 20 期。

蔡其胜、陈高华：《思入生命的生存实践——现代新儒家文化哲学的一种存在论追问》，《学习与实践》2019 年第 6 期。

蔡贤浩：《维柯历史规律观探析》，《湖北社会科学》2015 年第 2 期。

曹明德：《文化哲学的新视野——读〈当代文化哲学沉思〉》，《哲学研究》1994 年第 10 期。

曹培杰：《智慧教育：人工智能时代的教育变革》，《教育研究》2018 年第 8 期。

常晋芳：《智能时代的人—机—人关系——基于马克思主义哲学的思考》，《东南学术》2019 年第 2 期。

晁福林：《论中国古史的氏族时代——应用长时段理论的一个考察》，《历史研究》2001 年第 1 期。

陈定家：《狄尔泰生命阐释学的当代阐释》，《社会科学辑刊》2017 年第 4 期。

陈静静、谈杨：《课堂的困境与变革：从浅表学习到深度学习——基于对中小学生真实学习历程的长期考察》，《教育发展研究》2018 年第 Z2 期。

陈理宣：《论教育的真善美》，《教育理论与实践》2017 年第 22 期。

陈美荣、曾晓青：《国内外学习风格研究述评》，《上海教育科研》2012 年第 12 期。

陈树林：《当下国内文化哲学研究的困境》，《思想战线》2010 年第 2 期。

陈泽环：《论中华民族的文化独立性——基于张岱年文化哲学的阐发》，《上海师范大学学报》（哲学社会科学版）2018 年第 1 期。

迟佳蕙、李宝敏：《国内外深度学习研究主题热点及发展趋势——基于共词分析的可视化研究》，《基础教育》2019 年第 1 期。

储广林：《课程价值实践中语文学科素养的培育》，《中国教育学刊》2019 年第 3 期。

丛占修：《人类命运共同体：历史、现实与意蕴》，《理论与改革》2016 年第 3 期。

崔友兴：《基于核心素养培育的深度学习》，《课程·教材·教法》2019 年第 2 期。

崔允漷：《指向深度学习的学历案》，《人民教育》2017 年第 20 期。

戴圣鹏、徐福刚：《论文化整合及其对文化创新的意义》，《江汉论坛》2019 年第 3 期。

费孝通：《我为什么主张"文化自觉"》，《冶金政工研究》2003 年第

6 期。

冯嘉慧：《深度学习的内涵与策略——访俄亥俄州立大学包雷教授》，《全
　　球教育展望》2017 年第 9 期。

付亦宁：《深度学习的教学范式》，《全球教育展望》2017 年第 7 期。

盖光：《生存论的新视界：人的生态性优存》，《宁夏大学学报》（人文社
　　会科学版）2010 年第 1 期。

高东辉、于洪波：《美国"深度学习"研究 40 年：回顾与镜鉴》，《外国
　　教育研究》2019 年第 1 期。

高洁：《课堂教学组织管理行为中蕴含的价值教育及实践——以挑选学生
　　举手发言为例》，《教育研究》2015 年第 8 期。

顾明远、石中英：《学习型社会：以学习求发展》，《北京师范大学学报》
　　（社会科学版）2006 年第 1 期。

顾小清、冯园园、胡思畅：《超越碎片化学习：语义图示与深度学习》，
　　《中国电化教育》2015 年第 3 期。

郭华：《带领学生进入历史："两次倒转"教学机制的理论意义》，《北京
　　大学教育评论》2016 年第 2 期。

郭华：《深度学习及其意义》，《课程·教材·教法》2016 年第 11 期。

郭华：《深度学习与课堂教学改进》，《基础教育课程》2019 年第 Z1 期。

郭元祥：《论深度教学：源起、基础与理念》，《教育研究与实验》2017
　　年第 3 期。

郭元祥：《深度学习：本质与理念》，《新教师》2017 年第 7 期。

郭子其、王文娟：《深度学习：提升学习力的首要策略》，《教育科学论
　　坛》2013 年第 5 期。

韩金洲：《让深度学习在课堂上真实发生》，《人民教育》2016 年第
　　23 期。

韩水法：《人工智能时代的人文主义》，《中国社会科学》2019 年第 6 期。

何克抗：《深度学习：网络时代学习方式的变革》，《教育研究》2018 年
　　第 5 期。

何平：《中国和西方思想中的"文化"概念》，《史学理论研究》1999 年
　　第 2 期。

何萍：《卡西尔眼中的维科、赫尔德——卡西尔文化哲学方法论研究》，

《求是学刊》2011 年第 2 期。

何萍：《论文化哲学的普遍性品格及其建构》，《江海学刊》2010 年第 1 期。

何萍：《维柯与文化哲学》，《福建论坛》（人文社会科学版）2001 年第 3 期。

何萍、李维武：《文化哲学的历史与展望》，《社会科学》1988 年第 5 期。

何勤：《人工智能与就业变革》，《中国劳动关系学院学报》2019 年第 3 期。

洪晓楠：《20 世纪西方文化哲学的演变》，《求是学刊》1998 年第 5 期。

侯怀银、赵苗苗：《〈学会生存〉在中国的引进及其影响》，《山西大学学报》（哲学社会科学版）2010 年第 3 期。

胡存之、郑广永：《从科学哲学到文化哲学——21 世纪哲学观的新变革》，《自然辩证法研究》2003 年第 2 期。

胡小勇、祝智庭：《技术进化与学习文化——信息化视野中的学习文化研究》，《中国电化教育》2004 年第 8 期。

胡艺龄、雕心悦、顾小清：《文化、学习与技术——AECT 学术年会主题解析》，《开放教育研究》2019 年第 4 期。

黄甫全：《当代教学环境的实质与类型新探：文化哲学的分析》，《西北师大学报》（社会科学版）2002 年第 5 期。

黄甫全：《当代课程与教学论：新内容体系与教材结构》，《课程·教材·教法》2006 年第 1 期。

黄甫全：《论个性化的教育研究方法——基于我个人的体会和经验》，《中国教育科学》2017 年第 2 期。

黄甫全：《学习化课程刍论：文化哲学的观点》，《北京大学教育评论》2003 年第 4 期。

黄甫全、李义茹、曾文婕等：《精准学习课程引论——教育神经科学研究愿景》，《现代基础教育研究》2018 年第 1 期。

黄有东：《朱谦之与"文化哲学"在中国的构建》，《学术研究》2016 年第 8 期。

黄元国：《大学学习是指向生命成长的过程》，《大学教育科学》2017 年第 6 期。

霍桂桓：《全球化背景下的文化哲学研究初探（上）》，《哲学动态》2002年第4期。

季苹：《"学习方式的变革"系列之二 让知识的学习变得"有意义"》，《人民教育》2014年第12期。

贾瑜、宋乃庆：《素质教育背景下的课堂教学文化：意蕴、价值与外在表征》，《课程·教材·教法》2018年第1期。

贾志国、曾辰：《自主化深度学习：新时代教育教学的根本转向》，《中国教育学刊》2019年第4期。

姜国钧：《从〈论语〉首章看孔子学习的三种境界》，《大学教育科学》2015年第5期。

蒋仁勇：《推动建设学习大国理论与实践问题探析》，《学术探索》2019年第6期。

焦夏、张世波：《基于移动学习的成人深度学习模式研究》，《中国教育信息化》2012年第19期。

靳玉乐、陈妙娥：《新课程改革的文化哲学探讨》，《教育研究》2003年第3期。

靳玉乐、黄黎明：《教学回归生活的文化哲学探讨》，《教育研究》2007年第12期。

巨永明：《民族整合与传统社会转型——近代中国落后西方问题探源》，《浙江社会科学》2000年第6期。

康淑敏：《基于学科素养培育的深度学习研究》，《教育研究》2016年第7期。

赖功欧：《返本开新：贺麟文化哲学辨析》，《江西社会科学》2014年第9期。

李广：《小学语文深度学习：价值取向、核心特质与实践路径》，《课程·教材·教法》2017年第9期。

李洪修、丁玉萍：《基于虚拟学习共同体的深度学习模型的构建》，《中国电化教育》2018年第7期。

李京杰：《基于沉浸理论的成人在线深度学习策略探究》，《成人教育》2019年第3期。

李鹏程：《我的文化哲学观》，《华中科技大学学报》（社会科学版）2011

年第 1 期。

李松林:《深度教学的四个基本命题》,《教育理论与实践》2017 年第 20 期。

李松林、贺慧、张燕:《深度学习究竟是什么样的学习》,《教育科学研究》2018 年第 10 期。

李小涛、陈川、吴新全等:《关于深度学习的误解与澄清》,《电化教育研究》2019 年第 10 期。

李亚娇、段金菊:《SNS 平台在促进深度学习方面的比较研究》,《远程教育杂志》2012 年第 5 期。

李玉斌、苏丹蕊、李秋雨等:《面向混合学习环境的大学生深度学习量表编制》,《电化教育研究》2018 年第 12 期。

李政涛:《深度开发与转化学科教学的"育人价值"》,《课程·教材·教法》2019 年第 3 期。

梁慧:《康德关于人的本质述评》,《杭州大学学报》(哲学社会科学版)1995 年第 2 期。

梁秀玲、李鹏、陈庆飞等:《提取学习有利于学习与记忆的认知神经基础》,《心理科学进展》2015 年第 7 期。

刘党生:《深度学习环境下的学校实验生态设计案例(下)——访上海新纪元双语学校校长李海林教授》,《中国信息技术教育》2016 年第 5 期。

刘丽丽、李静:《理解视角下的深度学习研究》,《当代教育科学》2016 年第 20 期。

刘铁芳:《学习之道与个体成人:从〈论语〉开篇看教与学的中国话语》,《高等教育研究》2018 年第 8 期。

刘铁芳:《因材施教与个体成人》,《国家教育行政学院学报》2017 年第 12 期。

刘伟:《体验本体论的美学——狄尔泰生命哲学美学述评》,《四川大学学报》(哲学社会科学版)1993 年第 1 期。

刘勇、曾康佳:《基于系统动力学的学习型组织知识存量研究》,《科技管理研究》2018 年第 13 期。

刘渊、邱紫华:《维柯"诗性思维"的美学启示》,《华中师范大学学报》

（人文社会科学版）2002 年第 1 期。

刘哲雨、郝晓鑫：《深度学习的评价模式研究》，《现代教育技术》2017
年第 4 期。

刘哲雨、郝晓鑫、曾菲等：《反思影响深度学习的实证研究——兼论人类
深度学习对机器深度学习的启示》，《现代远程教育研究》2019 年第
1 期。

刘哲雨、王红、郝晓鑫：《复杂任务下的深度学习：作用机制与优化策
略》，《现代教育技术》2018 年第 8 期。

娄龙雁：《绘本在学科深度学习中的应用》，《上海教育科研》2018 年第
11 期。

鲁克俭：《超越传统主客二分——对马克思实践概念的一种解读》，《中国
社会科学》2015 年第 3 期。

吕鸿江、程明、吴利华：《知识交流深度与广度的匹配对知识网络交流效
率的影响：基于整体知识网络结构特征的分析》，《管理工程学报》
2018 年第 1 期。

吕世生：《商务英语的语言价值属性、经济属性与学科基本命题》，《中国
外语》2016 年第 4 期。

罗生全、欧露梅：《论学习过程的生命存在》，《中国教育学刊》2013 年
第 8 期。

马俊峰：《文化哲学研究三题》，《江海学刊》2010 年第 1 期。

马彦超：《文化哲学视域下的冯友兰人生境界说研究》，《学术交流》2019
年第 7 期。

马云鹏：《深度学习的理解与实践模式——以小学数学学科为例》，《课
程·教材·教法》2017 年第 4 期。

蒙培元：《中国哲学的方法论问题》，《哲学动态》2003 年第 10 期。

苗东升：《文化系统论要略——兼谈文化复杂性》，《系统科学学报》2012
年第 4 期。

莫雷：《知识的类型与学习过程——学习双机制理论的基本框架》，《课
程·教材·教法》1998 年第 5 期。

宁虹、赖力敏：《"人工智能＋教育"：居间的构成性存在》，《教育研究》
2019 年第 6 期。

欧阳谦：《卡西尔的文化哲学及其广义认识论建构》，《哲学研究》2017年第2期。

欧阳谦：《文化哲学的当代视域及其理论建构》，《社会科学战线》2019年第1期。

潘恩荣、阮凡、郭喨：《人工智能"机器换人"问题重构——一种马克思主义哲学的解释与介入路径》，《浙江社会科学》2019年第5期。

潘雷琼、黄甫全：《优良品德学习何以使人幸福——美德伦理学复兴的文化哲学解析》，《教育研究》2014年第8期。

潘庆玉：《导向深度学习的游戏沉浸式教学模式》，《当代教育科学》2009年第10期。

J. W. 佩利格里诺、M. L. 希尔顿、沈学珺：《运用深度学习提高21世纪能力》，《上海教育科研》2015年第2期。

彭红超、祝智庭：《学习架构：深度学习灵活性表达》，《电化教育研究》2020年第2期。

彭涛、丁凌云：《混合学习环境下基于学习分析技术的深度教学模式研究》，《继续教育研究》2017年第9期。

钱旭升：《论深度学习的发生机制》，《课程·教材·教法》2018年第9期。

桑新民：《学习究竟是什么？——多学科视野中的学习研究论纲》，《开放教育研究》2005年第1期。

沈霞娟、张宝辉、曾宁：《国外近十年深度学习实证研究综述——主题、情境、方法及结果》，《电化教育研究》2019年第5期。

舒兰兰、裴新宁：《为深度学习而教——基于美国研究学会"深度学习"研究项目的分析》，《江苏教育研究》2016年第16期。

宋惠芳：《马克思关于人的本质的实践生成论及其意义》，《马克思主义研究》2019年第4期。

孙杰远：《智能化时代的文化变异与教育应对》，《现代远程教育研究》2019年第4期。

孙妍妍、祝智庭：《以深度学习培养21世纪技能——美国〈为了生活和工作的学习：在21世纪发展可迁移的知识与技能〉的启示》，《现代远程教育研究》2018年第3期。

孙智昌：《学习科学视阈的深度学习》，《课程·教材·教法》2018 年第 1 期。

童天湘：《论智能革命——高技术发展的社会影响》，《中国社会科学》 1988 年第 6 期。

汪信砚、程通：《对马克思关于"人的本质"经典表述的考辨》，《哲学 研究》2019 年第 6 期。

王北生：《论教育的生命意识及生命教育的四重构建》，《教育研究》2004 年第 5 期。

王长纯、宁虹、丁邦平：《研究主体和接受主体的"知行合一"——比较 教育理论建设跨文化的哲学对话》，《教育研究》2002 年第 6 期。

王芳：《用活动引领深度学习》，《中学政治教学参考》2017 年第 17 期。

王娇萍：《人工智能来了，我们靠什么竞争?》，《中国工人》2018 年第 1 期。

王靖、崔鑫：《深度学习动机、策略与高阶思维能力关系模型构建研究》， 《远程教育杂志》2018 年第 6 期。

王立洲：《社会主义核心价值观教育模式：主体性文化教化》，《求实》 2015 年第 3 期。

王南湜：《从哲学何为看何为哲学——一项基于"学以成人"的思考》， 《哲学动态》2019 年第 4 期。

王清涛：《人类命运共同体理念开启全球化新时代》，《当代世界与社会主 义》2019 年第 4 期。

王秋：《心性学视域与中国现代性问题——梁漱溟文化哲学思想析论》， 《学术交流》2014 年第 6 期。

王淑莲、金建生：《城乡教师协同学习共同体深度学习：问题、特点及运 行策略》，《教育发展研究》2018 年第 8 期。

王树涛、宋文红、张德美：《大学生课程学习经验与教育收获：基于深度 学习的中介效应检验》，《电化教育研究》2015 年第 4 期。

王铁群、张世波：《论社会学视野观照下的课堂文化》，《教育科学》2003 年第 4 期。

王勇：《深度学习促进创新创业人才培养分析》，《中国成人教育》2019 年第 5 期。

王玉樑：《论价值哲学研究的方法论问题》，《哲学研究》2007 年第 5 期。

王中男：《价值分析："以分为本"的学习评价价值观》，《上海师范大学学报》（哲学社会科学版）2016 年第 6 期。

王仲士：《马克思的文化概念》，《清华大学学报》（哲学社会科学版）1997 年第 1 期。

王卓：《17 世纪英国玄学诗歌自然意象中的"天人合一"文化境界》，《河南社会科学》2018 年第 11 期。

魏俊雄、龚平：《康德的文化思想及其历史影响》，《西南民族大学学报》（人文社会科学版）2012 年第 6 期。

温雪：《深度学习研究述评：内涵、教学与评价》，《全球教育展望》2017 年第 11 期。

文智辉：《大学语文课程教学目标的多维观照——基于深度学习理念视角》，《长沙理工大学学报》（社会科学版）2018 年第 4 期。

吴忭、胡艺龄、赵玥颖：《如何使用数据：回归基于理解的深度学习和测评——访国际知名学习科学专家戴维·谢弗》，《开放教育研究》2019 年第 1 期。

吴宏政：《文化存在论的先验基础及其思辨逻辑》，《求是学刊》2010 年第 3 期。

吴永军：《关于深度学习的再认识》，《课程·教材·教法》2019 年第 2 期。

伍远岳：《论深度教学：内涵、特征与标准》，《教育研究与实验》2017 年第 4 期。

武小鹏、张怡：《深度学习理念下内涵式课堂教学构架与启示》，《现代教育技术》2019 年第 4 期。

向英、梁建新：《文化生命论——文化哲学视野下的人类生命问题》，《探索》2011 年第 3 期。

萧俊明：《文化的误读——泰勒文化概念和文化科学的重新解读》，《国外社会科学》2012 年第 3 期。

肖君华、肖卜文：《学习大国与学习治理体系现代化论要》，《湖南社会科学》2014 年第 6 期。

邢星：《教育信息化 2.0：深度学习、学校变革、智能治理》，《人民教育》2018 年第 Z2 期。

徐春华、傅钢善：《视频标注工具支持的深度学习研究——以 MOOC 学习环境为例》，《现代教育技术》2017 年第 3 期。

徐椿梁、郭广银：《文化哲学的价值向度》，《江苏社会科学》2018 年第 2 期。

徐慧芳：《深度学习对集体活动和区域活动中幼儿使用科学学习方式的影响》，《教育科学》2019 年第 2 期。

许世平：《生命教育及层次分析》，《中国教育学刊》2002 年第 4 期。

阎乃胜：《深度学习视野下的课堂情境》，《教育发展研究》2013 年第 12 期。

颜磊、祁冰：《基于学习分析的大学生深度学习数据挖掘与分析》，《现代教育技术》2017 年第 12 期。

杨道宇：《从知识到"事物本身"：学习对象的深度变革》，《课程·教材·教法》2018 年第 4 期。

杨刚、徐晓东、刘秋艳等：《学习本质研究的历史脉络、多元进展与未来展望》，《现代远程教育研究》2019 年第 3 期。

杨国荣：《广义视域中的"学"——为学与成人》，《江汉论坛》2015 年第 1 期。

杨琳、吴鹏泽：《面向深度学习的电子教材设计与开发策略》，《中国电化教育》2017 年第 9 期。

杨满福、郑丹：《重构深度学习的课堂——哈佛大学马祖尔团队 STEM 课程教学改革综述》，《教育科学》2017 年第 6 期。

杨晓娟、卜玉华：《开发小学英语故事教学的独特育人价值》，《中国教育学刊》2018 年第 4 期。

杨阳、张钦、刘旋：《积极情绪调节的 ERP 研究》，《心理科学》2011 年第 2 期。

杨玉琴、倪娟：《美国"深度学习联盟"：指向 21 世纪技能的学校变革》，《当代教育科学》2016 年第 24 期。

仰海峰：《文化哲学视野中的文化概念——兼论西方马克思主义的文化批判理论》，《南京大学学报》（哲学·人文科学·社会科学）2017 年第 1 期。

姚梅林：《从认知到情境：学习范式的变革》，《教育研究》2003 年第 2 期。

姚巧红、修誉晏、李玉斌等：《整合网络学习空间和学习支架的翻转课堂研究——面向深度学习的设计与实践》，《中国远程教育》2018 年第 11 期。

叶澜、何晓文、丁钢等：《华东师范大学 60 周年校庆主题论坛》，《基础教育》2011 年第 6 期。

衣俊卿：《关于中国文化哲学的反思》（英文），《Social Sciences in China》2008 年第 4 期。

殷常鸿、张义兵、高伟等：《"皮亚杰 - 比格斯"深度学习评价模型构建》，《电化教育研究》2019 年第 7 期。

余胜泉、段金菊、崔京菁：《基于学习元的双螺旋深度学习模型》，《现代远程教育研究》2017 年第 6 期。

余胜泉、毛芳：《非正式学习——e-Learning 研究与实践的新领域》，《电化教育研究》2005 年第 10 期。

余胜泉、王琦：《"AI + 教师"的协作路径发展分析》，《电化教育研究》2019 年第 4 期。

俞丽萍：《深度学习视野下课堂互动的优化策略》，《生物学教学》2016 年第 2 期。

袁玉芝、杜育红：《人工智能对技能需求的影响及其对教育供给的启示——基于程序性假设的实证研究》，《教育研究》2019 年第 2 期。

岳爱武、许荣：《学习大国建设的推进机制：西方发达国家的经验及启示》，《江苏高教》2016 年第 4 期。

岳新爱：《部编教材课文的深度学习方式探析》，《教育实践与研究》2018 年第 11 期。

曾明星、李桂平、周清平等：《从 MOOC 到 SPOC：一种深度学习模式建构》，《中国电化教育》2015 年第 11 期。

曾文婕：《论文化哲学的方法论意蕴》，《南京社会科学》2012 年第 8 期。

曾文婕：《西方学习理论的三重突破：整体主义的视角》，《外国教育研究》2012 年第 10 期。

曾文婕：《走向文化学习——学习文化的历史嬗变与当代重建》，《课程・

教材·教法》2011 年第 4 期。

詹青龙、陈振宇、刘小兵：《新教育时代的深度学习：迈克尔·富兰的教学观及启示》，《中国电化教育》2017 年第 5 期。

张聪：《学生发展核心素养培育的文化逻辑》，《课程·教材·教法》2018 年第 38 卷第 9 期。

张广君、李敏：《关于"转变学习方式"的认识误区及其超越——基于生成论教学哲学的理论立场》，《教育发展研究》2017 年第 4 期。

张浩、吴秀娟、王静：《深度学习的目标与评价体系构建》，《中国电化教育》2014 年第 7 期。

张欢、田玲芳、卓伟：《国内深度学习研究热点及发展趋势研究——基于 CiteSpace 的图谱计量分析》，《中国教育技术装备》2018 年第 16 期。

张蒙、王维超：《高中散文深度学习：致力语文核心素养的建构》，《语文建设》2018 年第 8 期。

张梦中、霍哲：《理论的建立与发展》，《中国行政管理》2001 年第 12 期。

张明国：《"技术—文化"论——一种对技术与文化关系的新阐释》，《自然辩证法研究》1999 年第 6 期。

张三花、黄甫全：《学习文化研究：价值、进展与走向》，《江苏高教》2010 年第 6 期。

张诗雅：《深度学习中的价值观培养：理念、模式与实践》，《课程·教材·教法》2017 年第 2 期。

张世贵：《中国崛起和经济学的革命——访经济学家、理论物理学家北京大学教授陈平》，《行政管理改革》2019 年第 7 期。

张世英：《"本质"的双重含义：自然科学与人文科学——黑格尔、狄尔泰、胡塞尔之间的一点链接》，《北京大学学报》（哲学社会科学版）2007 年第 6 期。

张婷婷、郭灿：《基于核心经验的艺术领域深度学习》，《浙江教育科学》2017 年第 5 期。

张祥龙：《人工智能与广义心学——深度学习和本心的时间含义刍议》，《哲学动态》2018 年第 4 期。

张艳红、钟大鹏、梁新艳：《非正式学习与非正规学习辨析》，《电化教育研究》2012 年第 3 期。

张一兵:《关联与境:狄尔泰与他的历史哲学》,《历史研究》2011 年第
　4 期。

张永刚:《西方理性主义对马克思实践理性的影响——基于亚里士多德与
　康德的理性观》,《社会科学家》2013 年第 5 期。

张玉孔、郎启娥、胡航等:《从连接到贯通:基于脑科学的数学深度学习
　与教学》,《现代教育技术》2019 年第 10 期。

赵慧琼、姜强、赵蔚:《教育大数据深度学习的价值取向、挑战及展
　望——在技术促进学习的理解视域中》,《现代远距离教育》2018 年第
　1 期。

赵婉莉、张学新:《对分课堂:促进深度学习的本土新型教学模式》,《教
　育理论与实践》2018 年第 20 期。

赵有田、霍光耀:《论文化创造中的三个基本关系》,《兰州学刊》2008
　年第 12 期。

郑东辉:《促进深度学习的课堂评价:内涵与路径》,《课程·教材·教
　法》2019 年第 2 期。

郑广华:《建设学习大国需要树立科学的学习理念》,《焦作大学学报》
　2019 年第 2 期。

郑宏飞:《高考机器人中的人工智能技术分析》,《科技传播》2019 年第
　6 期。

郑葳、刘月霞:《深度学习:基于核心素养的教学改进》,《教育研究》
　2018 年第 11 期。

郑新丽:《核心素养视域下的语文深度教学》,《山西师大学报》(社会科
　学版)2018 年第 5 期。

周德海:《对文化概念的几点思考》,《巢湖学院学报》2003 年第 5 期。

周可真:《构建普遍有效的文化价值标准——对文化哲学的首倡者文德尔
　班的文化哲学概念的解读》,《苏州大学学报》(哲学社会科学版)
　2011 年第 3 期。

周可真:《始于阳明心学的中国传统文化哲学的历史演变——兼论中西哲
　学同归于文化哲学的发展趋势》,《武汉大学学报》(人文科学版)
　2015 年第 3 期。

周文叶、陈铭洲：《指向深度学习的表现性评价——访斯坦福大学评价、学习与公平中心主任 Ray Pecheone 教授》，《全球教育展望》2017 年第 7 期。

周旭、郑伯红：《文化哲学研究的现实转型》，《求索》2010 年第 3 期。

朱汉民：《中国古代"文化"概念的"软实力"内涵》，《湖南大学学报》（社会科学版）2010 年第 1 期。

朱人求：《近期国内文化哲学研究综述》，《学术界》2001 年第 3 期。

朱贻庭：《再论"'形神统一'文化生命结构"及其方法论意义——古典中国哲学"形神之辨"的文化哲学精义》，《华东师范大学学报》（哲学社会科学版）2015 年第 2 期。

朱永海、刘慧、李云文等：《智能教育时代下人机协同智能层级结构及教师职业形态新图景》，《电化教育研究》2019 年第 1 期。

祝智庭、彭红超：《深度学习：智慧教育的核心支柱》，《中国教育学刊》2017 年第 5 期。

邹广文：《关注整体性：文化哲学的重要问题》，《河北学刊》2007 年第 2 期。

邹广文：《马克思文化哲学思想的展开逻辑》，《求是学刊》2010 年第 1 期。

邹广文：《试论文化哲学的理论源流》，《文史哲》1995 年第 1 期。

四 中文其他

霍桂桓：《文化哲学：是什么和为什么》，《光明日报》（理论·学术版）2011 年 8 月 3 日第 14 版。

许伟：《"孟母三迁"美国版》，《中国经济时报》2019 年 4 月 16 日第 4 版。

赵敦华：《学以成人的通释和新解》，《光明日报》2018 年 8 月 13 日第 15 版。

五 英文著作

Biggs J. B., Collis K. F., *Evaluating the quality of learning：the SOLO taxonomy*, New York：Academic Press, 1982.

Biggs J. B. , *Student approaches to learning and studying: study process ques-tionaire manual*, Hawthorn: Australian Council for Educational Research Ltd, 1987.

Bruner J. S. , *The culture of education*, Cambridge: Harvard University Press, 1996.

Fullan M. , Quinn J. , Mceachen J. , *Deep learning: engage the world, change the world*, Thousand Oaks: Corwin Press, 2018.

Gordon P. E. , *Continental divide: Heidegger, Cassirer, Davos*, Cambridge: Harvard University Press, 2010.

Hodges H. A. , *Philosophy of wilhelm dilthey*, Abingdon-on-Thames: Rout-ledge, 2013.

Hollins E. R. , *Culture in school learning: revealing the deep meaning*, New York: Routledge, 2015.

Kroeber A. L. , Kluckhohn C. , *Culture: a critical review of concepts and defi-nitions*, Cambridge: The Museum, 1952.

Mehta J. , Sarah F. , *In search of deeper learning: the quest to remake the A-merican high school*, Cambridge: Harvard University Press, 2019.

National Academies of Sciences, Engineering, and Medicine. *How people learn II: learners, contexts, and cultures*, Washington: National Academies Press, 2018.

National Research Council. *Education for life and work: developing transferable knowledge and skills in the 21st Century*, Washington: National Academies Press, 2013.

National Research Council. *How people learn: brain, mind, experience, and school (expanded edition)*, Washington: National Academies Press, 2000.

Skidelsky E. , *Ernst Cassirer: the last philosopher of culture*, New Jersey: Prin-ceton University Press, 2011.

Tylor E. B. , *Primitive culture*, London: John Murray, 1871.

Verene C. E. , Phillip D. *Symbol, myth, and culture: essays and lectures of Ernst Cassirer* 1935 – 1945, New Haven: Yale University Press, 1979.

六　英文期刊论文

Andresen L. , Boud D. , Cohen R. , "Experience-based learning", *Understanding Adult Education and Training*, No. 2, 2000.

Anna C. K. , Serge A. R. B. , Maartje E. J. , et al. , "Crone evaluating the negative or valuing the positive? Neural mechanisms supporting feedback-based learning across development", *The Journal of Neuroscience*, No. 38, 2008.

Asikainen H. , Gijbels D. , "Do students develop towards more deep approaches to learning during studies? A systematic review on the development of students' deep and surface approaches to learning in higher education", *Educational Psychology Review*, Vol. 29, No. 2, 2017.

Bemis D. K. , Pylkkänen L. , "Basic linguistic composition recruits the left anterior temporal lobe and left angular gyrus during both listening and reading", *Cerebral Cortex*, Vol. 23, No. 8, 2013.

Berridge K. C. , "Motivation concepts in behavioral neuroscience", *Physiology and Behavior*, Vol. 81, No. 2, 2004.

Biggs J. , Kember D. , Leung D. Y. P. , "The revised two-factor study process questionnaire: R-SPQ-2F", *British Journal of Educational Psychology*, Vol. 71, No. 1, 2001.

Biggs J. , "What do inventories of students' learning processes really measure? A theoretical review and clarification", *British Journal of Educational Psychology*, Vol. 63, No. 1, 1993.

Borst G. , Cachia A. , Tissier C. , et al. , "Early cerebral constraints on reading skills in school-age children: an MRI study", *Mind Brain and Education*, Vol. 10, No. 1, 2016.

Bourdieu P. , "Structures, habitus, practices", *The Logic of Practice*, No. 1, 1990.

Carol A. S. , "Corticostriatal foundations of habits", *Current Opinion in Behavioral Sciences*, No. 20, 2018.

Collier K. G. , "Peer-group learning in higher education: the development of higher order skills", *Studies in Higher Education*, Vol. 5, No. 1, 1980.

Dinsmore D. L., Alexander P. A., "A critical discussion of deep and sur-faceprocessing: what it means, how it is measured, the role of context, and model specification", *Educational Psychology Review*, Vol. 24, No. 4, 2012.

Dunleavy J., Milton P., "Student engagement for effective teaching and deep learning", *Education Canada*, Vol. 48, No. 5, 2008.

Dux P. E., Tombu M. N., Harrison S., et al., "Training improves multi-tasking performance by increasing the speed of information processing in hu-man prefrontal cortex", *Neuron*, Vol. 63, No. 1, 2009.

Entwistle A., Entwistle N., "Experiences of understanding in revising for de-gree examinations", *Learning and Instruction*, Vol. 2, No. 1, 1992.

Fink A., Grabner R. H., Benedek M., et al., "The creative brain: investi-gation of brain activity during creative problem solving by means of EEG and FMRI", *Human Brain Mapping*, Vol. 30, No. 3, 2010.

Fleming P., "Robots and organization studies: why robots might not want to steal your job", *Organization Studies*, Vol. 40, No. 1, 2019.

Floyd K. S., Harrington S. J., Santiago J., "The effect of engagement and perceived course value on deep and surface learning strategies", *Informing Science: the International Journal of an Emerging Transdiscipline*, Vol. 12, No. 10, 2009.

Ford N., "Recent approaches to the study and teaching of 'effective learning' in higher education", *Review of Educational Research*, Vol. 51, No. 3, 1981.

Gibbs G., Morgan A., Taylor E., "A review of the research of Ference Mar-ton and the Goteborg group: a phenomenological research perspective on learning", *Higher Education*, Vol. 11, No. 2, 1982.

Gilbert S. J., Burgess P. W., "Social and nonsocial functions of rostral pre-frontal cortex: implications for education", *Mind Brain and Education*, Vol. 2, No. 3, 2010.

Golub M. D., Sadtler P. T., Oby E. R., et al., "Learning by neural reasso-ciation", *Nature Neuroscience*, No. 21, 2018.

Gremel C. M. , Costa R. M. , "Orbitofrontal and striatal circuits dynamically encode the shift between goal-directed and habitual actions", *Nature Communications*, No. 4, 2013.

Han H. , Soylu F. , Anchan D. M. , "Connecting levels of analysis in educationalneuroscience: a review of multi-level structure of educational neuroscience with concrete examples", *Trends in Neuroscience and Education*, No. 17, 2019.

Hassall C. D. , Connor P. C. , Trappenberg T. P. , et al. , "Learning what matters: a neural explanation for the sparsity bias", *International Journal of Psychophysiology*, No. 127, 2018.

Hattie J. A. C. , Donoghue G. M. , "Learning strategies: a synthesis and conceptual model", *NPJ Science of Learning*, No. 13, 2016.

Havard B. , Du J. , Olinzock A. , "Deep learning: the knowledge, methods, and cognition process in instructor-led online discussion", *Quarterly Review of Distance Education*, Vol. 6, No. 2, 2005.

Heikkilä A. , Lonka K. , "Studying in higher education: students' approaches to learning, self-regulation, and cognitive strategies", *Studies in Higher Education*, Vol. 31, No. 1, 2006.

Horvath J. C. , "The neuroscience ofpowerpoint TM", *Mind Brain and Education*, Vol. 8, No. 3, 2014.

James H. , Szczesiul N. H. , "Redefining high performance in Northern Ireland: deeper learning and twenty-first century skills meet high stakes accountability", *Journal of Educational Change*, Vol. 16, No. 3, 2015.

Kennedy P. , "Learning cultures and learning styles: myth-understandings about adult (Hong Kong) Chinese learners", *International Journal of Lifelong Education*, Vol. 21, No. 5, 2002.

Kitayama S. , Park J. , "Cultural neuroscience of the self: understanding the social grounding of the brain", *Social Cognitive and Affective Neuroscience*, Vol. 5, No. 2, 2010.

Lecun Y. , Bengio Y. , Hinton G. , "Deep learning", *Nature*, Vol. 521, No. 7553, 2015.

Lee H. S. , Fincham J. M. , Anderson J. R. , "Learning from examples versus verbal directions in mathematical problem solving", *Mind Brain and Education*, Vol. 9, No. 4, 2015.

Leeuwen T. H. V. , Manalo E. , Meij J. V. D. , " Electroencephalogram recordingsindicate that more abstract diagrams need more mental resources to process", *Mind Brain and Education*, Vol. 9, No. 1, 2015.

Leonard J. A. , Lee Y. , Schulz L. E. , "Infants make more attempts to achieve a goal when they see adults persist", *Science*, Vol. 357, No. 6357, 2017.

Liu X. L. , Liang P. , Li K. , et al. , "Uncovering the neural mechanisms underlying learning from tests", *PLoS One*, Vol. 9, No. 3, 2014.

Lofts S. G. , "The logic of the cultural sciences: five studies", *Mathematical Medicine and Biology*, Vol. 21, No. 1, 2000.

Marco-Pallarés J. , Müller S. V. , Münte T. F. , "Learning by doing: an FMRI study of feedback-related brain activations", *Neuroreport*, No. 14, 2007.

Martin A. , Schurz M. , Kronbichler M. , et al. , "Reading in the brain of children and adults: a meta-analysis of 40 functional magnetic resonance imaging studies", *Human Brain Mapping*, Vol. 36, No. 5, 2015.

Marton F. , Säljö R. , "On qualitative differences in learning: i-outcome and process", *British Journal of Educational Psychology*, Vol. 46, No. 1, 1976.

Masson S. , Potvin P. , Rionpel M. , et al. , "Differences in brain activation between novices and experts in science during a task involving a common misconception in electricity", *Mind Brain and Education*, Vol. 8, No. 1, 2014.

Mayhew M. J. , Seifert T. A. , Pascarella E. T. , et al. , "Going deep into mechanisms for moral reasoning growth: how deep learning approaches affect moral reasoning development for first-year students", *Research in Higher Education*, Vol. 53, No. 1, 2012.

Misra M. , Katzir T. , Wolf M. , et al. , "Neural systems for rapid automatized naming in skilled readers: unraveling the ran-reading relationship", *Scientific Studies of Reading*, Vol. 8, No. 3, 2004.

Mnih V. , Kavukcuoglu K. , Silver D. , et al. , "Human-level control through deep reinforcement learning", *Nature*, Vol. 518, No. 7540, 2015.

Morgan A., "Variations in students' approaches to studying", *British Journal of Educational Technology*, Vol. 13, No. 2, 1982.

Nagase A. M., Onoda K., Foo J. C., et al., "Neural mechanisms for adaptive learned avoidance of mental effort", *The Journal of Neuroscience*, Vol. 19, No. 9, 2018.

Nelson L. T. F., Seifert T. A., Pascarella E. T., et al., "Deeply affecting first-year students' thinking: deep approaches to learning and three dimensions of cognitive development", *The Journal of Higher Education*, Vol. 85, No. 3, 2014.

Nisbett R. E., Wilson T. D., "The halo effect: evidence for unconscious alteration of judgments", *Journal of Personality and Social Psychology*, Vol. 35, No. 4, 1977.

Nugraha R. P., Holil M., "Panitikrama: achieve perfection of life from a javanese perspective", *IOP Conference Series: Earth and Environmental Science*, Vol. 175, No. 1, 2018.

Parsons R. G., "Behavioral and neural mechanisms by which prior experience impacts subsequent learning", *Neurobiology of Learning and Memory*, No. 154, 2018.

Peter C., Hogen M., Kilmartin L., et al., "Electroencephalographic coherence and learning: distinct patterns of change during word learning and figure learning tasks", *Mind Brain and Education*, Vol. 4, No. 4, 2010.

Phil H., "Learning as cultural and relational: moving past some troubling dualisms", *Cambridge Journal of Education*, Vol. 35, No. 1, 2005.

Ppabhakar J., Coughlin C., Ghetti S., "The neurocognitive development of episodic prospection and its implications for academic achievement", *Mind Brain and Education*, Vol. 10, No. 3, 2016.

Privette G., "Peak experience, peak performance, and flow: a comparative analysis of positive human experiences", *Journal of Personality and Social Psychology*, Vol. 45, No. 6, 1983.

Risse M., "Human rights and artificial intelligence: an urgently needed agenda",

Human Rights Quarterly, Vol. 41, No. 1, 2019.

Rominger C., Reitinger J., Seyfried C., et al., "The reflecting brain: reflection competence in an educational setting is associated with increased electroencephalogram activity in the alpha band", *Mind Brain and Education*, Vol. 11, No. 2, 2017.

Rossum E. J. V, Schenk S. M., "The relationship between learning conception, study strategy and learning outcome", *British Journal of Educational Psychology*, Vol. 54, No. 1, 1984.

Ryan J., Louie K., "False dichotomy? 'Western' and 'Confucian' concepts of scholarship and learning", *Educational Philosophy and Theory*, Vol. 39, No. 4, 2007.

Sadtler P. T., Quick K. M., Golub M., et al., "Neural constraints on learning", *Nature*, Vol. 512, No. 7515, 2014.

Schmeck R. R., Ribich F. D., "Construct validation of the inventory of learning processes", *Applied Psychological Measurement*, Vol. 2, No. 4, 1978.

Scholl J., Kolling N., Nelissen N., et al., "The good, the bad, and the irrelevant: neural mechanisms of learning teal and hypotheticaltewards and effort", *Journal of Neuroscience*, Vol. 35, No. 32, 2015.

Shing Y. L., Brod G., "Effects of prior knowledge on memory: implications for education", *Mind Brain and Education*, Vol. 10, No. 3, 2016.

Smolen P., Zhzng Y., Byrne J. H., "The right time to learn: mechanisms and optimization of spaced learning", *Nature Reviews Neuroscience*, Vol. 17, No. 2, 2016.

Taillan J., Dufau S., Lemaire P., "How do we choose among strategies to accomplish cognitive tasks? Evidence from behavioral and event-related potential data in arithmetic problem solving", *Mind Brain and Education*, Vol. 9, No. 4, 2015.

Tateo L., "Giambattista Vico and the principles of cultural psychology: a programmatic retrospective", *History of the Human Sciences*, Vol. 28, No. 1, 2015.

Tweed R. G., Lehman D. R., "Learning considered within a cultural context:

Confucian and Socratic approaches", *American Psychologist*, Vol. 57, No. 2, 2002.

Vanlehn K., "The relative effectiveness of human tutoring, intelligent tutoring systems, and other tutoring systems", *Educational Psychologist*, No. 4, 2011.

Vendetti M. S., Matlen B. J., Richland L. E., et al., "Analogical reasoning in the classroom: insights from cognitive science", *Mind Brain and Education*, Vol. 9, No. 2, 2015.

Wals A. E. J., Jicking B., " 'Sustainability' in higher education: from doublethink and newspeak to critical thinking and meaningful learning", *International Journal of Sustainability in Higher Education*, Vol. 3, No. 3, 2002.

Wang R., Wang J., Zhang J. Y., et al., "Perceptual learning at a conceptual level", *Journal of Neuroscience*, Vol. 36, No. 7, 2016.

Wang S. Y., Tsai J. C., Chiang H. C., et al., "Socrates, problem-based learning and critical thinking—a philosophic point of view", *The Kaohsiung Journal of Medical Sciences*, Vol. 24, No. 3, 2008.

Warburton K., "Deep learning and education for sustainability", *International Journal of Sustainability in Higher Education*, Vol. 4, No. 1, 2003.

Watkins D., "Identifying the study process dimensions of Australian university students", *Australian Journal of Education*, Vol. 26, No. 1, 1982.

Wendelken C., O'hare E. D., Whitaker K. J., et al., "Increased functional selectivity over development inrostrolateral prefrontal cortex", *The Journal of Neuroscience*, Vol. 31, No. 47, 2011.

Wenger E., Lövden M., "The learning hippocampus: education and experience-dependent plasticity", *Mind Brain and Education*, Vol. 10, No. 3, 2016.

Wilhelm W., "Kulturphilosophie und transcendentaler idealismus", *Philosophical Review*, No. 2, 1911.

Wolf M., Barzillai M., Gottwald S., et al., "The RAVE-O intervention: connecting neuroscience to the classroom", *Mind Brain and Education*, Vol. 3, No. 2, 2010.

Yoo J. J. , Hinds O. , Ofen N. , et al. , "When the brain is prepared to learn: enhancing human learning using real-time FMRI", *Neuroimage*, Vol. 59, No. 1, 2012.

Zheng L. , Chen C. , Liu W. , et al. , "Enhancement of teaching outcome through neural prediction of the students' knowledge state", *Human Brain Mapping*, Vol. 39, No. 7, 2018.

七　英文其他

American Institutes for Research, "Does deeper learning improve student outcomes? Results from the study of deeper learning: opportunities and outcomes" (https://www.air.org/sites/default/files/Deeper-Learning-Summary-Updated-August-2016. pdf).

Bakin M. , Means B. , Gallagher L. , et al. , "Evaluation of the enhancing education through technology program: final report" (http://fles. eric. ed. gov/fulltext/ED527143. pdf).

William and Flora Hewlett Foundation, "Deeper learning competencies" (http://www.hewlett.org/uploads/documents/Deeper_Learning_Defined__April_2013. pdf).

Zeiser K. L. , Taylor J. , Rickles J. , et al. , Evidence of deeper learning outcomes. Findings from the study of deeper learning opportunities and outcomes: report 3 [R]. American Institutes for Research, 2014.

后　　记

在进行深度学习研究过程中，我总是思考着这些问题："在当前科技变革时代，深度学习是什么？人们需要什么样的深度学习？应该怎样深度学习？"当前人们对深度学习有不同的认识视角，这些视角在一定程度上与当前我们所处在的时代密切相关。我在书中提出的"深度学习的文化哲学视角"，可以视为对当前深度学习问题的独特阐释，可能为未来研究和实践方向提供一种有益启迪。

在本书中，我尝试从深度学习的文化本质论述出发，探索其与文化、人类之间的紧密联系。我深入挖掘了深度学习文化价值的内涵和层次，对深度学习的文化活动论作出解释，并试图构建一个以人类社会整体文化为基础，面向人类未来发展的广义人类深度学习理论。我相信，这样的探索和尝试，有助于推动人们对深度学习更深入的理解，也能够进一步推进深度学习理论与实践的发展。

但同时，我清醒地认识到，本书在深度学习理论探索和实践推进方面还存在诸多不足之处。我们正身处一个既充满机遇又充满挑战的智能时代，这种时代环境对深度学习理论发展提出了相当高的要求。推动深度学习理论发展需要正视现有理论和实践中的问题，把握技术发展对人的学习影响趋势。我们应用开放的视角和创新的思维去寻求能够帮助人们在新的环境下更好地展开深度学习的理论。因此，这项研究在未来还有广阔的探索空间。

我由衷希望这本书能为读者带来新的启发和灵感，帮助人们更全面地理解和应用深度学习。本研究的开展得到不少老师的指导与帮助，借此机会表示衷心感谢，在此特别感谢黄甫全教授的悉心指导和培养。本书之所以能够出版，还要感谢学校及学院一直以来的大力支持。最后，我要向负责出版本书的中国社会科学出版社编辑老师们表示诚挚的感谢！